工学结合·基于工作过程导向的项目化创新系列教材
国家示范性高等职业教育电子信息大类"十三五"规划教材

U0278691

Photoshop CS6
平面设计项目化教程

主　编　王　强　刘占文　周媛媛

副主编　战忠丽　关　欣　惠红梅　吕秀岩　崔雪峰

　　　　张　红　王丽敏　刘林山　郝　铭　张　妮

参　编　郅芬香

华中科技大学出版社
http://www.hustp.com
中国·武汉

内 容 简 介

本书以最新版本的图形图像处理软件 Photoshop CS6 为平台,按工学结合项目化教学方式编写。全书由 7 个项目、17 个任务构成,内容包括设计制作环保宣传画、设计制作数码写真、设计制作宣传海报、设计制作精美图标、设计制作商品包装、设计制作贺卡和设计制作网页界面等,每个项目中均包含任务描述、学习目标、项目小结及练习题,确保有效地突出实践教学、项目教学,将理论知识更好地融入实践学习中去,从而达到事半功倍的效果。

为了方便教学,本书还配有教学课件等教学资源包,任课教师和学生可以登录"我们爱读书"网(www.ibook4us.com)注册并浏览,任课教师还可以发邮件至 hustpeiit@163.com 索取。

本书语言通俗易懂,操作简便,例证丰富,实践性强,可作为应用型、技能型人才培养的计算机相关专业的教学用书,也可供各类培训机构、计算机从业人员和图形图像处理爱好者参考使用。

图书在版编目(CIP)数据

Photoshop CS6 平面设计项目化教程/王强,刘占文,周媛媛主编.—武汉:华中科技大学出版社,2019.12(2023.7 重印)
国家示范性高等职业教育电子信息大类"十三五"规划教材
ISBN 978-7-5680-5424-9

Ⅰ.①P…　Ⅱ.①王…　②刘…　③周…　Ⅲ.①平面设计-图象处理软件-高等职业教育-教材　Ⅳ.①TP391.413

中国版本图书馆 CIP 数据核字(2019)第 150790 号

Photoshop CS6 平面设计项目化教程
Photoshop CS6 Pingmian Sheji Xiangmuhua Jiaocheng

王　强　刘占文　周媛媛　主编

策划编辑:康　序
责任编辑:舒　慧
责任监印:朱　玢
出版发行:华中科技大学出版社(中国·武汉)　　　电话:(027)81321913
　　　　　武汉市东湖新技术开发区华工科技园　　　邮编:430223
录　　排:武汉三月禾文化传播有限公司
印　　刷:武汉科源印刷设计有限公司
开　　本:880mm×1230mm　1/16
印　　张:10
字　　数:317 千字
版　　次:2023 年 7 月第 1 版第 2 次印刷
定　　价:48.00 元

FOREWORD 前言

　　教育部要求高等职业院校必须把培养学生的动手能力、实践能力和可持续发展能力放在突出地位，促进学生技能的培养；教材的内容要紧密结合生产实际，并注意及时跟踪先进技术的发展。据此，编者结合目前项目化教学改革的要求，基于工作过程系统化，以项目教学为主线，编写了本书。

　　本书以学生为本，采用项目实现＋相关知识讲解＋模仿训练＋课堂作业的全新教学模式，生动、详细地介绍了如何用图形图像处理软件 Photoshop CS6 来设计和制作环保宣传画、数码写真、宣传海报、精美图标、商品包装、贺卡、网页界面等作品的思路、流程、方法及具体实现步骤。

　　本书主要具有以下特点：

　　（1）突出学生实践动手能力的培养。本书以基于工作过程系统化的项目式教学为主线来组织教学内容。首先引入项目情境，演示精美作品，激发学生的学习兴趣，然后讲授设计思路、方法，讲解相关知识，突出实践操作技能，培养和提高学生的动手能力。

　　（2）设计项目以就业为导向，以实用为目的。本书注重与企业的实际需求相结合，项目来源于企业的真实环境，实用性、趣味性强，能激发学生自己动手的欲望。丰富的项目讲解，及时的模仿训练，独立的综合实训，把理论与实际应用、模仿与创造完美地结合起来，形成过硬的实用技能，为就业上岗打下坚实的基础。

　　（3）多年教学、教改经验的积累与总结。本书是一线教师多年来的教学、教改经验的积累与总结，实用性和操作性强。

　　（4）易教易学。本书提供素材和最终效果图，课后有典型习题，便于巩固所学的知识，易教易学。为了方便教学，本书配有电子课件等教学资源包，任课教师和学生可以登录"我们爱读书"网（www.ibook4us.com）免费注册并浏览，或者发送邮件至 hustpeiit@163.com 免费索取。

　　本书可作为应用型、技能型人才培养的计算机相关专业的教学用书，也可供各类培训机构、计算机从业人员和图形图像处理爱好者参考使用。

　　本书由吉林电子信息职业技术学院王强、刘占文及重庆电子工程职业学院周媛媛担任主编，并负责全书的统稿工作，吉林电子信息职业技术学院战忠丽、关欣、崔雪峰、刘林山、郝铭和陕西工业职业技术学院惠红梅、大连市普兰店区职业教育中心吕秀岩、贵州交通职业技术学院张红、商丘学院王丽敏、重庆能源职业学院张妮担任副主编，参加编写的还有鹤壁汽车工程职业学院郅芬香。本书在编写过程中得到了华中科技大学出版社的大力支持和帮助，在此表示衷心的感谢。

　　由于计算机技术发展迅猛，编者的水平有限，书中难免存在一些不足之处，恳请读者提出宝贵意见。

编　者

2019 年 1 月

CONTENTS

目录

项目

1

设计制作环保宣传画

SHEJI ZHIZUO HUANBAO

XUANCHUANHUA

任务描述

　　Photoshop 是 Adobe 公司旗下最为出名的图像处理软件之一,是集图像扫描、编辑修改、图像制作、广告创意、图像输入与输出于一体的图形图像处理软件,深受广大平面设计人员和电脑美术爱好者的喜爱。本章主要介绍 Photoshop CS6 的工作界面、新增功能、文档的基本操作方法,以及图形图像处理过程中涉及的部分专业术语,运用所学知识来完成环保宣传画的制作。环保宣传画的最终效果如图 1-1 所示。

图 1-1　环保宣传画

学习目标

- 了解 Photoshop CS6 的新增功能;
- 掌握 Photoshop CS6 的工作界面;
- 掌握实例中各种工具的使用方法。

- 了解图形图像的常用专业术语;
- 掌握 Photoshop CS6 的基本操作;

任务1 Photoshop CS6 的新增功能

　　Photoshop CS6 是 Photoshop 的第 13 代,是一个较为重大的版本更新。Photoshop CS6 相比于前几个版本,不再支持 32 位的 Mac OS 平台,Mac 用户需要升级到 64 位环境。Adobe 公司于 2012 年 3 月 23 日发布了 Photoshop CS6 测试版,2012 年 4 月 24 日发布了 Photoshop CS6 正式版。新版本采用了全新的用户界面,背景选用深色,以便让用户更关注自己的图片。

　　Photoshop CS6 的新增功能主要有:内容感知移动工具、形状工具、裁剪工具、场景模糊、光圈模糊、倾斜偏移、图层分类及查找等。

　　1.内容感知移动工具

　　内容感知移动工具主要有两大功能:

　　(1)感知移动功能:主要用来移动图片中的主体,并将其随意放置到合适的位置。移动后的空隙位置,Photoshop CS6 会智能修复。

　　(2)快速复制功能:选取想要复制的部分,移到其他需要的位置,就可以实现复制,复制后的边缘会自动进行柔化处理,跟周围环境融合。

操作方法:在工具箱的修复画笔工具栏选择"内容感知移动工具",此时就会出现"X"图形,按住鼠标左键并拖动鼠标,就可以画出选区,这跟套索工具的操作方法一样。先用这个工具把需要移动的部分选取出来,然后在选区中按住鼠标左键并拖动鼠标,移到想要放置的位置后松开鼠标,系统就会智能修复。

属性设置:选择内容感知移动工具后,属性栏的模式就有两个选择:移动、扩展。选择移动,就会实现感知移动功能;选择扩展,就会实现快速复制功能。"适应"选项中的"非常严格"的融合效果不好,"非常松散"的融合效果更好。

内容感知移动工具选项栏如图 1-2 所示。

图 1-2　内容感知移动工具选项栏

2.形状工具选项栏中的"填充""描边"

形状工具画出的是矢量图形,利用"填充"可以给形状内部填充颜色、渐变或图案,利用"描边"可以给形状的边缘设置颜色、渐变及图案,并且"描边"可以使用直线或虚线。这些可以极大地方便用户用矢量图来做出漂亮的图形。

利用形状工具可以将路径或选区转化为形状来填充或者描边。需要特别注意的是,选区要先在路径面板中转化为路径,然后才能转化为形状。

形状工具选项栏的设置如图 1-3 所示。

3.裁剪工具

裁剪工具变化较大,选择这一工具后,要先拉好所需比例的框,移动或旋转的时候只有背景图片在动,选框会一直保持在中心位置不变,这样更加方便用户在正常视觉下查看旋转或移动后的效果,裁剪的精度更高。同时,裁剪工具还有拉直的功能,只需把主体作为参考物,用这个工具沿着主体方向拉一条直线,系统就会把直线转为垂直方向,这样校正图片就更加方便。

裁剪工具的使用如图 1-4 所示。

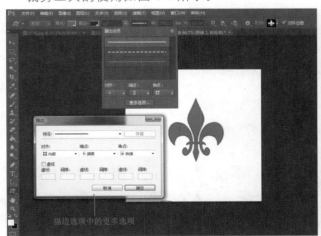

图 1-3　形状工具选项栏的设置

图 1-4　裁剪工具的使用

4.场景模糊

"模糊"滤镜可以对图片进行焦距调整,这与拍摄照片的原理一样,选择好相应的主体后,主体之前及之后的物体就会相应地模糊。选择的镜头不同,模糊的方法也略有差别。不过场景模糊可以对一幅图片全局或多个局部进行模糊处理。场景模糊如图 1-5 所示。

使用方法:选择滤镜＞模糊＞场景模糊,会弹出场景模糊的设置面板,图片的中心会出现一个黑圈带有白边的图形(代表一个模糊区域),同时鼠标会变成一个大头针,并且旁边带有一个"＋"号,在图片需要模糊的位置点一下就可以新增一个模糊区域。用鼠标单击模糊圈的中心，就可以选择相应的模糊点，可以在数值栏设置参数，按住鼠标可以移动模糊点，按 Delete 键可以删除模糊点。参数设定好后按回车键确认。

扩展：在"模糊工具"图标下面有个"模糊效果"图标，单击"模糊效果"图标后显示模糊效果设置面板，该面板上有光源散景、散景颜色、光照范围三个选项。这里附加介绍一下"散景"这个摄影术语。散景是图像中焦点以外的发光区域，类似光斑效果。

光源散景：控制散景的亮度，也就是图像中高光区域的亮度，数值越大，亮度越高。

散景颜色：控制高光区域的颜色，由于是高光，颜色一般都比较淡。

光照范围：用色阶来控制高光范围，数值为 0～255，范围越大，高光范围越大，反之高光范围就越小，这个可以自由控制。

5. 光圈模糊

光圈模糊顾名思义就是用类似相机的镜头来对焦，焦点周围的图像会相应地模糊。

使用方法：选择滤镜＞模糊＞光圈模糊，此时可以得到一个小圆环，把中心的黑白圆环移到图片中需要对焦的物体上面，然后可以进行参数及圆环大小的设置。跟场景模糊一样，可以添加多个大头针来控制图像不同区域的模糊。

外围的四个小菱形叫作手柄，选择相应的一个小菱形并拖拽，可以把圆形区域沿着某个方向拉大，把圆形变成椭圆，同时还可以旋转。

圆环右上角的白色菱形叫作圆度手柄，选择圆度手柄后按住鼠标往外拖拽，可以把圆形或椭圆形变成圆角矩形，往里拖拽又可以缩回来。

位于内侧的四个白点叫作羽化手柄，它可以控制羽化焦点到圆环外围的羽化过渡。参数设置好后，按回车键确认模糊效果。

在场景模糊面板中也有"光圈模糊"选项，可以同时使用，而"光圈模糊"中也有"模糊效果"选项，具体参数和场景模糊面板中的一样。

6. 倾斜偏移

倾斜偏移用来模仿微距图片拍摄的效果，比较适合俯拍或者镜头有点倾斜的图片使用，如图 1-6 所示。

使用方法：选择滤镜＞模糊＞倾斜偏移，此时可以得到两组平行的线条。最里面的由两条直线组成的区域为聚焦区，位于这个区域的图像是清晰的，并且中间有两个小方块，叫作旋转手柄，可以旋转线条的角度及调大聚焦区。

聚焦区以外、虚线区以内的部分为模糊过渡区，把鼠标放到虚线位置拖拽，可以拉大或缩小相应的模糊区。最外围的部分为模糊区。把中心点移到主体位置，这样就可以预览模糊后的效果。在参数设置栏有模糊的数值及扭曲的数值可以设置。

扭曲是指广角镜或一些其他镜头拍摄时出现移位的现象。"扭曲"只能对图片底部的图像进行扭曲处理，勾选"对称扭曲"后，顶部及底部图像可以同时扭曲。

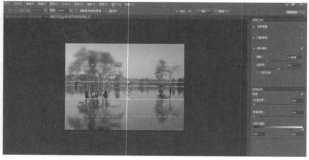

图 1-5　场景模糊　　　　　　　　　　　　　　　图 1-6　倾斜偏移

在场景模糊面板中也有"倾斜偏移"选项，可以同时使用，而"倾斜偏移"中也有"模糊效果"选项，具体参数和场景模糊面板中的一样。

7.图层分类及查找

Photoshop CS6 与其他版本的图层面板最大的不同就是图层混合模式栏上面多了一个图层分类栏。用户可以看到一个下拉菜单,菜单上有类型、名称、效果、模式、属性、颜色六个选项可供选择。

类型:分为像素、调整图层、文字、矢量、智能对象五类,可以选择其中一个或多个进行筛选。

名称:直接在表单输入名称查询。

效果:按照图层所添加的图层样式分类。

模式:按照图层混合模式分类。

属性:按照可见、锁定、空、链接、已剪切、图层蒙版、矢量蒙版、图层效果、高级混合分类。

颜色:按照图层标识颜色分类。

图层分类及查找极大地方便用户管理多图层的文件,尤其在制作较为复杂的效果时,用户可以快速找到所需图层,并对图层进行更改及编辑。图层分类及查找如图 1-7 所示。

这些新增功能在后面的学习过程中会做详细的介绍,这里就不再赘述。

图 1-7　图层分类及查找

▶▶▶ 任务 2　Photoshop CS6 的 工作界面

打开 Photoshop CS6 软件,其工作界面如图 1-8 所示。

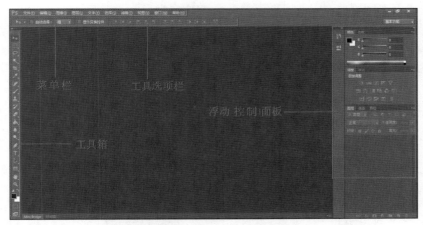

图 1-8　Photoshop CS6 的工作界面

Photoshop CS6 的工作界面相较于过去的 Photoshop CS5、Photoshop CS4、Photoshop CS3 等版本有不少的变化。

工具箱包含用于创建和编辑图像、图稿、页面元素等的工具,相关工具也都进行了分组。

工具选项栏显示当前所选工具的选项。在 Photoshop 中,工具选项栏也被称为工具属性栏。

中间灰色区域为文档窗口,显示用户正在处理的文件。可以将文档窗口设置为选项卡式窗口,并且在某些情况下可以进行分组和停放。

浮动控制面板可以帮助监视和修改用户的工作,如图层面板、样式面板以及蒙版面板。在 Photoshop 中,可以对面板进行编组、堆叠或停放。

1.2.1 菜单栏 ▼

Photoshop CS6 的菜单栏主要包括文件、编辑、图像、图层、文字、选择、滤镜、视图、窗口、帮助共 10 个菜单,如图 1-9 所示。

Ps 文件(F) 编辑(E) 图像(I) 图层(L) 文字(Y) 选择(S) 滤镜(T) 视图(V) 窗口(W) 帮助(H)

图 1-9　菜单栏

菜单栏位于 Photoshop CS6 工作界面的顶端,和许多其他软件菜单栏的功能相近,都是从整体上规划了软件的各种操作,在这里用户可以完成 Photoshop 的各种操作。

菜单栏从左向右依次是文件、编辑、图像、图层、文字、选择、滤镜、视图、窗口、帮助,其快捷键依次为 F、E、I、L、Y、S、T、V、W、H。

1.2.2 工具选项栏 ▼

工具选项栏位于菜单栏的正下方,其所包含的内容由操作的不同工具而定,是不固定的。

当打开工具箱的某一工具后,工具选项栏中便会出现各种属性设置按钮,熟练、有经验的设置可以很好地将工具所具备的功能发挥出来。也就是说,在操作过程中,工具箱必须结合工具选项栏使用。

画笔工具选项栏如图 1-10 所示。

模式: 正常   不透明度: 100%   流量: 100%

图 1-10　画笔工具选项栏

1.2.3 工具箱 ▼

工具箱包括选框工具、移动工具、画笔工具等常用工具,如图 1-11 所示。选择所需要使用的工具时,只需要用鼠标单击一下相应的工具,该工具背景颜色变成白色,表示该工具处于激活状态。通过观察工具选项栏,可以发现除了移动工具和缩放工具外,其他工具右下角都有一个黑色的三角形,表示此工具组中还有另外的选项。在这些工具上按住鼠标左键或者单击鼠标右键,都会出现一个工具子菜单,在子菜单中可以选择所需要的工具。形状工具子菜单如图 1-12 所示。

➡注:

单击工具面板顶部的双箭头,可以将工具面板中的工具放在一栏中显示,也可以放在两栏中并排显示。

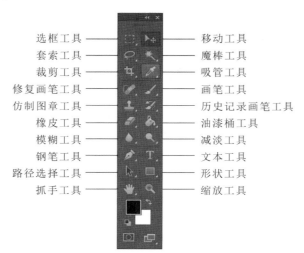

图 1-11　工具箱

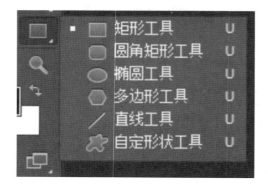

图 1-12　形状工具子菜单

1.2.4 浮动控制面板 ▼

浮动控制面板如图 1-13 所示。

浮动控制面板默认包含颜色、色板、样式、调整、蒙版、图层、通道、路径等八个基本功能面板,使用时只需要用鼠标单击面板名称即可进行切换。除了这些基本功能面板外,其他的面板如何使用呢?此时只需要单击窗口菜单,在弹出的菜单中选择需要使用的菜单选项即可。面板的使用方法多种多样,下面将逐一介绍。

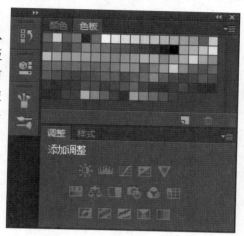

图 1-13 浮动控制面板

1. 移动面板

在移动面板中可以看到蓝色突出显示的放置区域,用户可以在该区域中移动面板。例如,通过将一个面板拖移到另一个面板上面或下面窄的蓝色放置区域中,可以在停放中向上或向下移动该面板。如果拖移到的区域不是放置区域,该面板将在工作区中自由浮动。

➡注:

鼠标位置(而不是面板位置)可激活放置区域,因此,如果看不到放置区域,请尝试将鼠标拖到放置区域应处于的位置。

若要移动面板,请拖动其标签。

若要移动面板组,请拖动其菜单栏。

在移动面板的同时按住 Ctrl 键,可防止面板停放;在移动面板时按 Esc 键,可取消该操作。

2. 添加和删除面板

如果从停放中删除所有面板,该停放将会消失。用户可以通过将面板移动到工作区右边缘,直到出现放置区域来创建停放。

若要移除面板,请单击鼠标右键或按住 Ctrl 键后单击其选项卡,然后选择"关闭",或从窗口菜单中取消选择该面板。

若要添加面板,请从窗口菜单中选择该面板,然后将其停放在所需的位置。

3. 处理面板组

若要将面板移到组中,请将面板标签拖到该组突出显示的放置区域中。

若要重新排列组中的面板,请将面板标签拖移到组中的一个新位置。

若要从组中删除面板,以使其自由浮动,请将该面板的标签拖移到组外部。

若要移动组,请拖动其菜单栏(选项卡上方的区域)。

4. 堆叠浮动面板

当将面板拖出停放但并不将其拖入放置区域时,面板会自由浮动。用户可以将浮动的面板放在工作区的任何位置,也可以将浮动的面板或面板组堆叠在一起,以便在拖动最上面的菜单栏时将它们作为一个整体进行移动。

若要堆叠浮动的面板,请将面板的标签拖动到另一个面板底部的放置区域中,以拖动该面板。

若要更改堆叠顺序,请向上或向下拖移面板标签。

➡注:

请确保在面板之间较窄的放置区域中松开标签,而不是在菜单栏中较宽的放置区域。

若要从堆叠中删除面板或面板组,以使其自由浮动,请将其标签或菜单栏拖走。

5. 调整面板大小

若要将面板、面板组或面板堆叠最小化或最大化,请双击选项卡,也可以双击选项卡区域(选项卡旁边的空白区）。

　　若要调整面板大小，请拖动面板的任意一条边。某些面板无法通过拖动来调整大小，如 Photoshop 中的颜色面板。

　　6.折叠和展开面板图标

　　可以将面板折叠为图标，以避免工作区出现混乱。在某些情况下，在默认工作区中，将面板折叠为图标。

　　若要折叠或展开列表中的所有面板图标，请单击停放区顶部的双箭头。

　　若要展开单个面板图标，请单击它。

　　若要调整面板图标大小，以便仅能看到图标（看不到标签），请调整停放的宽度，直到文本消失。若要再次显示图标文本，请增大停放的宽度。

　　若要将展开的面板重新折叠为图标，请单击其选项卡、图标或面板菜单栏中的双箭头。

　　若要将浮动面板或面板组添加到图标停放中，请将其选项卡或菜单栏拖动到图标停放中。（添加到图标停放中后，面板将自动折叠为图标。）

　　若要移动面板图标（或面板图标组），请拖动图标。可以在停放中向上或向下拖动面板图标，将其拖动到其他停放中（它们将采用该停放的面板样式），或者将其拖动到停放外部（它们将显示为浮动图标）。

　　7.停放和取消停放面板

　　停放是一组放在一起显示的面板或面板组，通常在垂直方向显示。可通过将面板移动到停放中或从停放中移走来建立或取消停放面板。

　　要停放面板，请将其标签拖移到停放中（顶部、底部或两个其他面板之间）。

　　要停放面板组，请将其菜单栏（标签上面的实心空白栏）拖移到停放中。

　　要删除面板或面板组，请将其标签或菜单栏从停放中拖走。可以将其拖移到另一个停放中，或者使其变为自由浮动。

　　8.恢复存储的工作区排列方式

　　在 Photoshop 中，工作区自动按上次排列的方式进行显示，但可以恢复为原来存储的面板排列方式。

　　要恢复单个工作区，请选择窗口＞工作区＞复位基本功能。

　　要恢复随 Photoshop 一起安装的所有工作区，请在"界面"选项中单击"恢复默认工作区"。

　　9.状态栏

　　Photoshop 状态栏主要用来显示当前图片缩放比例、图片打开后的大小等信息。

▶▶▶ 任务3　Photoshop CS6 的基本操作

1.3.1　图像的新建　▼

　　（1）选择文件＞新建，弹出图 1-14 所示的"新建"对话框。

　　（2）在"新建"对话框中输入图像的名称。

　　（3）在预设菜单中选取文档大小。

　　➡注：

　　要创建具有为特定设备设置的像素大小的文档，请单击"Device Central"按钮。

　　（4）通过从大小菜单中选择一个预设或在"宽度"和"高度"文本框中输入值来设置宽度和高度。

要使新图像的宽度、高度、分辨率、颜色模式和位深度与打开的任何图像完全匹配,请从预设菜单的底部选择一个文件名。

(5)设置分辨率、颜色模式和位深度。

如果将某个选区复制到剪贴板,图像尺寸和分辨率会自动基于该图像数据。

(6)选择画布颜色选项。

白色:用白色(默认的背景色)填充背景图层。

背景色:用当前背景色填充背景图层。

透明:使第一个图层透明,没有颜色值。最终的文档内容将包含单个透明的图层。

需要时可以单击"高级"按钮,再选取一个颜色配置文件,或选取"不要对此文档进行色彩管理"。对于像素长宽比,除非使用用于视频的图像,否则选取"方形像素";对于视频图像,请选择其他选项,以使用非方形像素。

完成设置后,单击"存储预设",将这些设置存储为预设,或单击"确定",以打开新文件。

1.3.2 图像的打开 ▼

可以使用文件菜单下的"打开"命令和"最近打开文件"命令来打开文件。

1. 使用"打开"命令来打开文件

选择文件>打开,选择要打开的文件。如果文件未出现,可从文件类型弹出式菜单中选择用于显示所有文件的选项。

2. 打开最近使用的文件

选择文件>最近打开文件,并从子菜单中选择一个文件。

➡注:

要指定"最近打开文件"选项中列出的文件数目,请更改"文件处理"首选项中的"近期文件列表包含"选项,请选择编辑>首选项>文件处理。

3. 指定打开文件所使用的文件格式

如果使用与文件的实际格式不匹配的扩展名来存储文件(例如用扩展名 .gif 存储 PSD 文件),或者文件没有扩展名,则 Photoshop 可能无法打开该文件。选择正确的格式将使 Photoshop 能够识别和打开文件。

选择文件>打开,选择要打开的文件,然后从"打开"对话框中选取所需的格式,并单击"打开"。"打开"对话框如图 1-15 所示。

图 1-14 "新建"对话框 1　　　　　　　　　图 1-15 "打开"对话框

➡注:

如果文件未打开,则选取的格式可能与文件的实际格式不匹配,或者文件已经损坏。

1.3.3 图像的保存 ▼

保存图像时只需单击文件菜单,该菜单下有三个关于保存的选项,如图 1-16 所示。

存储:存储用户对当前文件所做的更改,文件仍然使用当前格式。

存储为:将图像存储至其他位置,或以其他文件名或格式存储图像。

存储为 Web 所用格式:将图像存储为可用于 Internet 或移动设备的优化图像。

1.3.4 图像的还原与后退 ▼

当对图像进行处理时,有时需要反复地推敲、试验,如何快速地还原前一步甚至前几步的状态呢? 还原后希望回到刚刚处理后的状态,又该如何操作呢? 这时需要使用编辑菜单中的"还原"与"后退"选项,如图 1-17 所示。

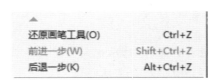

图 1-16 "存储"选项   图 1-17 "还原"与"后退"

当需要恢复到前一步的时候,可以选择"还原",快捷键为 Ctrl+Z;当需要后退多步的时候,可以使用快捷键 Alt+Ctrl+Z。

1.3.5 图像显示比例的调整 ▼

在对图像进行处理时,往往需要调整图像的显示比例,以便于操作。可以采用两种方法对比例进行调整。

1. 应用程序栏

应用程序栏的第四个按钮"缩放级别"中有四个选项可以对图像进行缩放,如果预设的数值不能满足需求,还可以对其中的数值进行更改。

2. 状态栏

状态栏的主要作用是显示图像的大小、比例等。在状态栏的最左端可以任意更改显示比例。

≫≫≫ 任务 4　平面基础知识

1.4.1 位图与矢量图 ▼

位图图像(在技术上称作栅格图像)使用图片元素的矩形网格(像素)来表现图像。每个像素都分配有特定的位置和颜色值。在处理位图图像时,所编辑的是像素,而不是对象或形状。位图图像是连续色调图像(如照片或数字绘画)最常用的电子媒介,因为它们可以更有效地表现阴影和颜色的细微层次,但是位图图像有时需要占用大量的存储空间。

位图图像与分辨率有关,也就是说,它们包含固定数量的像素。因此,如果在屏幕上以高缩放比率对它们进行缩放或以低于创建时的分辨率来打印它们,则将丢失其中的细节,并会呈现出锯齿,如图1-18所示。

矢量图形(有时称作矢量形状或矢量对象)是由称作矢量的数学对象定义的直线和曲线构成的。矢量根据图像的几何特征对图像进行描述。

可以任意移动或修改矢量图形,而不会丢失细节或影响清晰度,因为矢量图形是与分辨率无关的,即当调整矢量图形的大小、将矢量图形打印到 PostScript 打印机、在 PDF 文件中保存矢量图形,或将矢量图形导入基于矢量的图形应用程序中时,矢量图形都将保持清晰的边缘。因此,对于在各种输出媒体中按照不同大小使用的图稿(如徽标),矢量图形是最佳选择。

图 1-18　不同放大级别的位图图像示例

1.4.2　像素与分辨率

像素尺寸是指沿图像的宽度和高度的总像素数。分辨率是指位图图像中的细节精细度,单位是像素/英寸(ppi)。每英寸的像素越多,分辨率就越高。一般来说,图像的分辨率越高,得到的印刷图像的质量就越好。

除非对图像进行重新取样,否则当更改像素尺寸或分辨率时,图像的数据量将保持不变。例如,如果更改文件的分辨率,则会相应地更改文件的宽度和高度,以便使图像的数据量保持不变。

在 Photoshop 中,可以在"图像大小"对话框(选择图像＞图像大小)中查看图像大小和分辨率之间的关系。当不想更改图像数据量时,取消选择"重定图像像素",然后更改宽度、高度或分辨率。一旦更改某一个值,其他两个值会发生相应的变化。

1.4.3　图像的颜色模式

1. RGB 颜色模式

Photoshop RGB 颜色模式使用 RGB 模型,并为每个像素分配了一个强度值。在 8 位/通道的图像中,彩色图像中的每个 RGB(红色、绿色、蓝色)分量的强度值为 0(黑色)到 255(白色)。例如,亮红色使用 R 值 246、G 值 20 和 B 值 50。当这三个分量的值相等时,结果是中性灰度级,当这三个分量的值均为 255 时,结果是纯白色;当这三个分量的值都为 0 时,结果是纯黑色。

RGB 图像使用三种颜色或通道在屏幕上重现颜色。在 8 位/通道的图像中,这三个通道将每个像素转换为 24 位(8 位/通道)颜色信息。对于 24 位图像,这三个通道最多可以重现 1670 万种颜色/像素;对于 48 位(16 位/通道)和 96 位(32 位/通道)图像,这三个通道可重现甚至更多的颜色。新建的 Photoshop 图像的默认模式为 RGB,计算机显示器使用 RGB 模型显示颜色。这意味着在使用非 RGB 颜色模式(如 CMYK)时,Photoshop 会将 CMYK 图像转换为 RGB,以便在屏幕上显示。

尽管 RGB 是标准颜色模型,但是所表示的实际颜色范围仍因应用程序或显示设备而异。Photoshop 中的 RGB 颜色模式会根据"颜色设置"对话框中指定的工作空间的设置而不同。

2. CMYK 颜色模式

在 CMYK 颜色模式下,可以为每个像素的每种印刷油墨指定一个百分比值。为最亮(高光)颜色指定的印刷油墨颜色百分比较低,而为较暗(阴影)颜色指定的印刷油墨颜色百分比较高。例如,亮红色可能包含 2% 青色、93% 洋红、90% 黄色和 0% 黑色。在 CMYK 图像中,当四种分量的值均为 0% 时,就会产生纯白色。

在制作要用印刷色打印的图像时,应使用 CMYK 颜色模式。将 RGB 图像转换为 CMYK 图像,即产生分色。如果是从 RGB 图像开始,则最好先在 RGB 颜色模式下编辑,然后在编辑结束时转换为 CMYK 图像。在 RGB 颜色模式下可以使用"校样设置"命令模拟 CMYK 转换后的效果,而无须真的更改图像数据。也可以使用 CMYK 颜色模式直接处理从高端系统扫描或导入的 CMYK 图像。

尽管 CMYK 是标准颜色模型,但是其准确的颜色范围随印刷和打印条件而变化。Photoshop 中的 CMYK 颜色模式会根据"颜色设置"对话框中指定的工作空间的设置而不同。

3. Lab 颜色模式

Lab 颜色模式基于人对颜色的感觉。Lab 中的数值描述正常视力的人能够看到的所有颜色。因为 Lab 描述的是颜色的显示方式,而不是设备(如显示器、桌面打印机或数码相机)生成颜色所需的特定色料的数量,所以 Lab 被视为与设备无关的颜色模式。色彩管理系统使用 Lab 作为色标,将颜色从一个色彩空间转换到另一个色彩空间。

Lab 颜色模式的亮度分量(L)范围是 0 到 100。在 Adobe 拾色器和颜色面板中,a 分量(绿色-红色轴)和 b 分量(蓝色-黄色轴)的范围是 -128 到 +127。

Lab 图像可以存储为 Photoshop、Photoshop EPS、大型文档格式(PSB)、Photoshop PDF、Photoshop Raw、TIFF、Photoshop DCS 1.0 或 Photoshop DCS 2.0 格式,48 位(16 位/通道)Lab 图像可以存储为 Photoshop、大型文档格式(PSB)、Photoshop PDF、Photoshop Raw 或 TIFF 格式。

4. 灰度模式

灰度模式是指在图像中使用不同的灰度级。在 8 位图像中,最多有 256 级灰度。灰度图像中的每个像素都有一个 0(黑色)到 255(白色)之间的亮度值。16 位和 32 位图像的灰度级要比 8 位图像的灰度级大得多。

灰度级也可以用黑色油墨覆盖的百分比(0% 等于白色,100% 等于黑色)来度量。

灰度模式使用"颜色设置"对话框中指定的工作空间设置所定义的范围。

5. 位图模式

位图模式使用两种颜色值(黑色或白色)之一来表示图像中的像素。位图模式下的图像被称为位映射 1 位图像,因为其位深度为 1。

6. 双色调模式

该模式通过一至四种自定油墨创建单色调、双色调(两种颜色)、三色调(三种颜色)和四色调(四种颜色)的灰度图像。

7. 索引颜色模式

索引颜色模式最多可生成 256 种颜色的 8 位图像文件。当转换为索引颜色模式时,Photoshop 将构建一个颜色查找表(CLUT),用以存放并索引图像中的颜色。如果原图像中的某种颜色没有出现在该表中,则程序将选取最接近的一种颜色,或使用仿色,以现有颜色来模拟该颜色。

尽管索引颜色模式的调色板很有限,但索引颜色模式能够在保持多媒体演示文稿、Web 页等所需的视觉品质的同时减小文件大小。在这种模式下只能进行有限的编辑,要进一步编辑,应临时转换为 RGB 模式。索引颜色模式的文件可以存储为 Photoshop、BMP、DICOM(医学数字成像和通信)、GIF、Photoshop EPS、大型文档格式(PSB)、PCX、Photoshop PDF、Photoshop Raw、Photoshop 2.0、PICT、PNG、Targa® 或 TIFF 格式。

8. 多通道模式

多通道模式图像在每个通道中包含 256 个灰阶,对特殊打印很有用。多通道模式图像可以存储为 Photoshop、大型文档格式(PSB)、Photoshop 2.0、Photoshop Raw 或 Photoshop DCS 2.0 格式。

当将图像转换为多通道模式时,可以使用下列原则:

(1) 由于图层不受支持,因此已拼合。

(2) 原始图像中的颜色通道在转换后的图像中将变为专色通道。

(3) 通过将 CMYK 图像转换为多通道模式图像,可以创建青色、洋红、黄色和黑色专色通道。

(4) 通过将 RGB 图像转换为多通道模式图像,可以创建青色、洋红和黄色专色通道。

(5) 通过从 RGB、CMYK 或 Lab 图像中删除一个通道,可以自动将图像转换为多通道模式图像,从而拼合图层。

(6) 要导出多通道模式图像,请以 Photoshop DCS 2.0 格式存储图像。

➡ 注:

索引颜色和 32 位图像无法转换为多通道模式。

1.4.4 图像的文件格式 ▼

Photoshop 可以查看和制作多种格式的图形文件,主要格式如图 1-19 所示。下面主要介绍几种常见的图像文件格式。

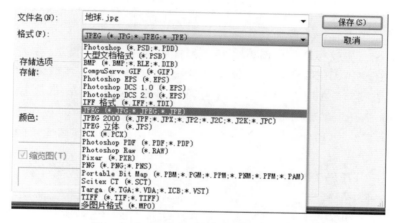

图 1-19 Photoshop 兼容的图像文件格式

1. PSD 格式

PSD 格式是默认的文件格式,而且是除大型文档格式(PSB)之外支持所有 Photoshop 功能的唯一格式。

存储 PSD 格式的文件时,可以设置首选项,以便最大限度地提高文件的兼容性。这样将会在文件中存储一个带图层图像的复合版本,其他应用程序(包括 Photoshop 以前的版本)将能够读取该文件。同时,即使将来的 Photoshop 版本更改某些功能,也可以保持文档的外观。此外,通过包含复合图像,可以在 Photoshop 以外的应用程序中更快速地载入和使用图像。有时为使图像在其他应用程序中可读,必须包含复合图像。

2. BMP 格式

BMP 格式是 DOS 和 Windows 兼容计算机上的标准 Windows 图像格式。BMP 格式支持 RGB、索引颜色、灰度颜色和位图颜色模式,可以指定 Windows 或 OS/2 格式和 8 位/通道的位深度。对于使用 Windows 格式的 4 位和 8 位图像,还可以指定 RLE 压缩。

BMP 格式图像通常是自下而上编写的,但也可以选择"翻转行序"选项,自上而下编写,还可以单击"高级模式"选项选择其他编码方法。("翻转行序"和"高级模式"对于游戏程序员和其他使用 DirectX® 的人员而言最有用。)

3. GIF 格式

图像互换格式(GIF)是在 World Wide Web 及其他联机服务上常用的一种文件格式,用于显示超文本标记语言(HTML)文档中的索引颜色图形和图像。GIF 格式是一种用 LZW 压缩的格式,目的在于最小化文件大小和电子传输时间。GIF 格式保留索引颜色模式图像中的透明度,但不支持 Alpha 通道。

4. JPG、JPEG 格式

联合图像专家小组(JPEG)格式是在 World Wide Web 及其他联机服务上常用的一种格式,用于显示超文本标记语言(HTML)文档中的照片和其他连续色调图像。JPEG 格式支持 CMYK、RGB 和灰度颜色模式,但不支持透明度。与 GIF 格式不同的是,JPEG 格式保留 RGB 图像中的所有颜色信息,但通过有选择地扔掉数据来压缩文件大小。

JPEG 格式图像在打开时自动解压。压缩级别越高,得到的图像品质越低;压缩级别越低,得到的图像品质越高。在大多数情况下,"最佳品质"选项产生的结果与原图像几乎无区别。

5. PDF 格式

便携式文档格式(PDF)是一种灵活的跨平台、跨应用程序的文件格式。基于 PostScript 成像模型,PDF 格式文件能精确地显示并保留字体、页面版式矢量图和位图。另外,PDF 格式文件可以包含电子文档搜索和导航功能(如电子链接)。PDF 格式支持 16 位/通道的图像。Adobe Acrobat 还有一个 TouchUp Object 工具,用于对 PDF 格式文件中的图像进行较小的编辑。

Photoshop 可识别两种类型的 PDF 格式文件:

Photoshop PDF 文件:在"存储 Adobe PDF"对话框中选择"保留 Photoshop 编辑功能"时创建的。Photoshop PDF 文件只能包含一个图像。

Photoshop PDF 格式支持标准 Photoshop 格式所支持的所有颜色模式(多通道模式除外)和功能。Photoshop PDF 格式还支持 JPEG 和 ZIP 压缩,但使用 CCITT Group 4 压缩方法的位图模式图像除外。

标准 PDF 文件:在"存储 Adobe PDF"对话框中取消选择"保留 Photoshop 编辑功能",或使用其他应用程序(例如 Adobe Acrobat 或 Illustrator)时创建的。标准 PDF 文件可以包含多个页面和图像。

在打开标准 PDF 文件时,Photoshop 会将矢量和文本栅格化,同时保留像素内容。

6. TIFF 格式

标记图像文件格式(TIFF、TIF)用于在应用程序和计算机平台之间交换文件。TIFF 格式是一种灵活的位图图像格式,几乎被所有的绘画、图像编辑和页面排版应用程序支持。而且,几乎所有的桌面扫描仪都可以产生 TIFF 格式图像。TIFF 文档大小最大可达 4 GB。Photoshop CS 及其更高版本支持以 TIFF 格式存储的大型文档。但是,大多数其他应用程序和旧版本的 Photoshop 不支持文件大小超过 2 GB 的文档。

TIFF 格式支持具有 Alpha 通道的 CMYK、RGB、Lab、索引颜色和灰度模式图像,以及没有 Alpha 通道的位图模式图像。Photoshop 可以在 TIFF 格式文件中存储图层,但是如果在另一个应用程序中打开该文件,则只有拼合图像是可见的。Photoshop 也能够以 TIFF 格式存储注释、透明度和多分辨率金字塔数据。

在 Photoshop 中,TIFF 格式文件的位深度为 8 位/通道、16 位/通道或 32 位/通道。可以将高动态范围内的图像存储为 32 位/通道的 TIFF 格式文件。

▶▶▶ 任务 5 项目实施

1.5.1 制作底图 ▼

(1)运行 Photoshop CS6,选择文件>新建,弹出图 1-20 所示的对话框;在"名称"栏输入"环保宣传画",在"预设"栏选择"默认 Photoshop 大小",宽度、高度、分辨率等保持原始数值不变;单击"确定"按钮,进入 Photoshop 操作界面。

(2)设置背景色为蓝色(R:65,G:65,B:245),前景色为浅蓝色(R:135,G:135,B:245);选择"渐变工

具",自上向下做渐变(画线时可以按住 Shift 键,以保证线的垂直性)。渐变工具的使用如图 1-21 所示。

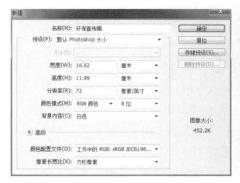

图 1-20 "新建"对话框 2

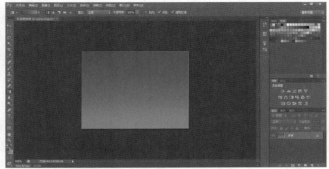

图 1-21 渐变工具的使用

1.5.2 嵌入图片 ▼

（1）打开项目 1 素材中的"山水"图片,选择图像＞图像大小,将图像的宽度修改为 545 像素(其余自动调整),如图 1-22 所示。

（2）图像大小调整完后,将图像复制到刚做好的背景中去,选择编辑＞自由变换,拖动上方中间的控制点向下移动,调整图像的高度,使其约为背景图片的三分之一,如图 1-23 所示。

图 1-22 调整图像大小

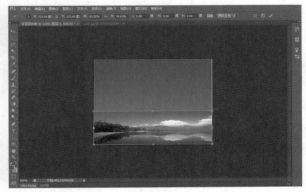

图 1-23 调整图像高度

（3）此时图像和背景有了明显的界限,为了使背景和图像融为一体,需要使用图层面板中的添加图层蒙版工具,如图 1-24 所示。

（4）添加图层蒙版后,背景色和前景色自动变为黑白色,此时使用工具箱中的渐变工具,自下向上在图像上画一条垂直线,如图 1-25 所示。注意:所画线的长度不要超过图像的高度。渐变画完之后,图像和背景之间的界限已经看不出来了,渐变后的效果如图 1-26 所示。

图 1-24 添加图层蒙版

图 1-25 蒙版渐变

图 1-26 渐变后的效果

（5）依次打开项目 1 素材中的"手""地球""海鸥"图片，将其调整成合适的大小，摆放到合适的位置。"手"图片的调整需要用到"编辑＞变换＞斜切"命令，使手张开的角度变大。将"手"和"地球"图片图层的不透明度调整为 75％。

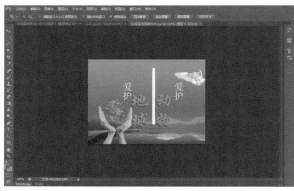

图 1-27　制作文字

1.5.3　制作文字 ▼

加入图像素材后，需要在图像上加入文字。此时用鼠标右键单击工具箱中的文字工具，在弹出的菜单中选择"直排文字工具"，在合适的位置依次输入"爱护""动物""爱护""地球"。输入"爱护"后，在工具选项栏中设置其为宋体，36 点，"动物""地球"均为华文行楷，72 点，如图 1-27 所示。

项目小结

Photoshop CS6 是在前期版本的基础上经过 Adobe 公司不断地增加、完善得到的目前最新版本。由于 Photoshop CS6 具有简单易学、功能强大等优点，因此它被广泛用于图形制作、图像处理等方面。通过本项目的学习，应该全面认识 Photoshop CS6 的操作界面，对 Photoshop CS6 的工具有较深刻的理解，能够熟练运用 Photoshop CS6 新建、保存图像文件，使用常用工具制作、修改一些简单的图形图像。

练习题

1. Photoshop CS6 的工作界面包含哪些内容？
2. 图像的颜色模式主要有哪几种？
3. 图像的文件格式主要有哪些？
4. 请用 Photoshop CS6 设计图 1-28 所示的高尔夫球场宣传画。

图 1-28　高尔夫球场宣传画

项目 2

设计制作数码写真

SHEJI ZHIZUO

SHUMA XIEZHEN

任务描述

运行 Photoshop 后,初次使用的工具应该就是选择工具了。选择工具用于指定应用 Photoshop 的各种功能和图形效果。不论是多么出色的效果,如果使用范围不正确,也是毫无意义的。Photoshop CS6 提供了多种选择工具:选框工具、套索工具、移动工具、魔棒工具和裁剪工具。利用这些工具,结合选区的调整、移动、修改,以及图像的复制、剪切、粘贴,可以完成各种图形图像的选择和修改。利用 Photoshop

CS6 的修饰功能,可以对图像的各种缺陷,如人物脸部的雀斑、疤痕等进行处理,可以对不满意的图片部分进行修改或复原。Photoshop CS6 提供了修复画笔工具和仿制图章工具来进行图像的相关修复。修复画笔工具常用于修饰人物脸部的缺陷;仿制图章工具可以将图像复印到原图上,往往用于复制大面积的图像区域。Photoshop CS6 提供的模糊工具可以对图像进行模糊处理,使图像效果更加柔和;锐化工具可以使图像的线条更加清晰,使图像的颜色更加鲜明;减淡工具可以使图像的颜色更加明亮;加深工具可以加入阴影效果,使图像的颜色加深。优质的图像应该具备良好的色彩搭配,因此处理图像时,色彩的调整是必不可少的,也是非常重要的。Photoshop CS6 提供了一系列调整图像色彩的命令,既有可以方便、快速地调整图像色彩的调整命令,又有可以精细调整图像色彩的精确调整命令和达到特殊效果的特殊色彩调整命令。使用好这些命令,是有效地控制好色彩、制作出高品质图像的关键。本项目主要通过运用图像的导入功能,从素材中选取需要的素材导入制作的实例中,然后对相关素材进行修改,最后使用照片的合成功能、各种修改工具、色彩调整工具,从而达到一个梦幻的蝴蝶仙子婚纱写真效果,如图 2-1 所示。

图 2-1　蝴蝶仙子婚纱写真制作

学习目标

● 掌握选框工具的使用;　　　　　　　　　● 掌握选区调整的方法;

● 掌握修复画笔工具、仿制图章工具的使用方法;● 掌握模糊与锐化工具、减淡与加深工具的使用方法;

● 理解色彩的反相、色相饱和度等相关知识。

》》》 任务 1 　相关知识

Photoshop CS6 的选择功能具有多样化,可以完成复杂的选择操作。合成图像是 Photoshop CS6 的特色,用户可以使用各种工具和色彩调整功能达到移花接木的效果。在使用这些工具和功能之前,先来了解一下相关知识。

容差:在选取颜色时所设置的选取范围,其数值为 0～255。容差越大,选取的范围就越大。

裁剪:用于设置图像中的特定区域并对其进行裁剪。

磁性套索工具的选项栏中主要有 6 个选项,分别为 Feather(羽化)、Anti-alias(消除锯齿)、Width(宽度)、Frequency(频率)、Contrast(边对比度)和光笔压力。这里主要介绍羽化、宽度、频率、边对比度和光笔压力。

(1) Feather:主要用来设置羽化值,以柔和地表现选区的边框,其值越大,选区边角越圆。

(2) Width:设置检测的范围,设定的范围为 1～40 px,系统将以当前光标所在的点为标准,在设定的范围内查找反差最大的边缘,其值越小,创建的选区越精确。

(3) Frequency:设置生成锚点的密度。拖动鼠标时,图像上会生成方形的锚点。其值越大,生成的锚点越多,选区就越精确。

(4) Contrast:设置边界的灵敏度,设定范围为 1%～100%,其值越高,则要求边缘与周围环境的反差越大。

(5) 光笔压力:设置绘图板的笔刷压力。

反相:主要用于表现胶片效果,主要原理是将表现亮白效果的高光色调和表现阴影效果的暗调表现为正反效果。

Hardness(硬度):其大小决定选择的范围。硬度越小,选择的范围就越大;反之,硬度越大,选择的范围就越小。

Spacing(间距):其大小决定选择范围的连续性。间距越小,图像越不容易连续选择;间距越大,图像越容易连续选择。

灰色:介于黑和白之间的一系列颜色,可以分为深灰和浅灰。

偏色:由于一种或多种颜色弱或强而使白色的地方显现出别的颜色。

暗调:图画画面总体效果较暗的就是暗调。

2.1.1 选框工具的使用 ▼

Photoshop CS6 提供了强大的选择功能。打开 Photoshop CS6 软件,选择工具箱,可以看到工具箱中的前五个工具——移动工具、选框工具、套索工具、快速选择工具和裁剪工具都是与选择应用有关的工具。下面就来介绍 Photoshop CS6 中提供的选择工具。

(1) 选框工具:用于设置矩形或圆形选区。图 2-2 所示为选框工具。

选框工具快捷键为 M。

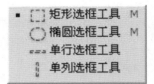

矩形选框工具通过鼠标的拖动指定矩形的图像区域。拖动鼠标,可以制作出矩形或者正方形选区(制作正方形选区时需要按住 Shift 键),并且可以应用各种选项将选区设置为特定大小。

椭圆选框工具用于创建椭圆或正圆选区,同时可根据需要调整选区的形态。

单行或单列选框工具是用来绘制横向或纵向线段的工具。

图 2-2 选框工具

选框工具的属性栏如图 2-3 所示:

图 2-3 选框工具的属性栏

A:新选区,可以创建一个新的选区。

B:添加到选区,在原有选区的基础上继续增加一个选区,也就是将原选区扩大。

C:从选区减去,在原有选区的基础上减掉一部分选区。

D:与选区交叉,执行的结果就是得到两个选区相交的部分。

图 2-4 所示为选区操作示例。

E:样式,对于矩形选框工具、圆角矩形选框工具或椭圆选框工具,在选项栏中选取一个样式。

Normal(正常):可以手绘任何形状、任何大小的选区,是常用的选择模式。

Fixed Aspect Radio(固定长度比):指定宽高比例一定的矩形选区。例如将 Width(宽度)值和 Height(高度)值分别设置为 1 和 3,然后拖动鼠标,即可制作出宽高比为 1:3 的矩形选区。

Fixed Size(固定大小):输入 Width 和 Height 值后,拖动鼠标即可绘制自定大小的选区,十分精确。

消除锯齿:只有在使用椭圆选框工具时,这个选项才可使用,它决定选区的边缘光滑与否。

（2）套索工具：用于设置曲线、多边形或不规则图形的选区。图 2-5 所示为套索工具。

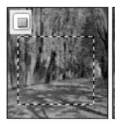    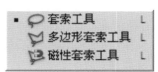

　(a) 新选区　　　　(b) 添加到选区　　　(c) 从选区减去　　　(d) 与选区交叉

　　　　图 2-4　选区操作示例　　　　　　　　　　图 2-5　套索工具

套索工具快捷键为 L。

套索工具具有随意性的特点，利用套索工具可以按照拖动的轨迹指定选区。套索工具主要用来在背景单一的图像中指定选区。利用该工具可以一次性创建选区，一般不用来精确指定选区，而是多用来指定背景等选区。

多边形套索工具是可以在图像或某个图层中手动创建不规则多边形选区的套索工具。利用该工具可以选择极其不规则的多边形形状，一般用于选取一些复杂的但棱角分明且边缘呈直线的图形。

磁性套索工具是可以在图像或某个图层中自动识别外形极其不规则的图形的套索工具，所以图形与背景的反差越大，选区的精确度越高。

套索工具、多边形套索工具的属性栏类似于选框工具，磁性套索工具的属性栏如图 2-6 所示。

图 2-6　磁性套索工具的属性栏

① 选区加减的设置：做选区的时候，使用"新选区"命令较多。

② 羽化：取值范围为 0～250，可羽化选区的边缘，数值越大，羽化的边缘越大。

③ 消除锯齿：其功能是让选区更平滑。

④ 宽度：取值范围为 1～256，可设置一个像素宽度，一般使用默认值 10。

⑤ 边对比度：取值范围为 1%～100%，可以利用磁性套索工具检测边缘图像灵敏度。如果选取的图像与周围图像的颜色对比度较强，那么就应设置一个较大的百分数值，反之输入一个较小的百分数值。

⑥ 频率：取值范围为 0～100，用来设置在选取时关键点创建的速率，其值越大，速率越快，关键点就越多。当图的边缘较复杂时，需要较多的关键点来确定边缘的准确性，可采用较大的频率值，一般使用默认值 57。

在使用的时候，可以通过空格键或 Delete 键来控制关键点。

（3）移动工具：用于移动设置为选区的部分。

移动工具快捷键为 V。

移动工具在包含图层的图像上可以同时或分别移动背景和图像，并可以调整图像的大小或旋转图像。

（4）魔棒工具：用于将颜色值相近的区域指定为选区。图 2-7 所示为魔棒工具。

魔棒工具快捷键为 W。

魔棒工具是以单击点为基准，将颜色相似的区域指定为选区的工具。魔棒工具的特点是对颜色比较单一的图像进行快速选取。容差值越大，选区就越大；容差值越小，选区就越小。魔棒工具不适合用于背景复杂且颜色杂乱的图像的选择。

快速选择工具与魔棒工具类似，所不同的是，魔棒工具是根据容差的大小来创建选区的，而快速选择工具是根据画笔的大小来创建选区的。

魔棒工具的属性栏如图 2-8 所示。

图 2-8　魔棒工具的属性栏

① 选区加减的操作。

② 容差:确定魔棒工具的选择范围,其值越大,选择的范围就越大,反之选择的范围就越小。

③ 消除锯齿:消除边缘的锯齿,使选择范围边缘光滑。

④ 连续:只选择使用相同颜色的邻近区域,否则将会选择整个图像中使用相同颜色的所有像素。

⑤ 对所有图层取样:使用所有可见图层中的数据选择颜色,否则魔棒工具将只从现用图层中选择颜色。

图 2-9 所示为容差值为 32 和 64 时使用魔棒工具得到的选区,容差值越大,选区就越大。

(5) 裁剪工具:用于设置图像中的特定区域并对其进行裁剪。图 2-10 所示为裁剪工具。

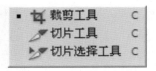

图 2-9　不同容差值选取效果图　　　图 2-10　裁剪工具

裁剪工具快捷键为 C。

裁剪工具可以删除不需要的部分,以调整图像的整体构图,也可以裁剪特定的区域。另外,利用裁剪工具可以完全改变图像样式,经常用于照片处理。

裁剪工具的属性栏如图 2-11 所示。

图 2-11　裁剪工具的属性栏

宽度、高度:可输入固定的数值,直接完成图像的裁剪。

分辨率:输入数值,以确定裁剪后图像的分辨率。

前面的图像:单击可调出前面图像的裁剪尺寸。

清除:清除现有的裁剪尺寸,重新输入数值。

2.1.2　选区的调整　▼

将特定区域指定为选区时,可对选区进行移动、添加、删除、扩展、收缩、反选及羽化等变换选区的调整操作,以达到最佳要求。

1. 移动选区

将光标移到选区内部,拖动鼠标即可移动选区。

移动光标的同时按住 Shift 键,只能将选区沿水平、垂直或 45°方向移动。

也可按方向键精确移动选区。

2. 扩展和收缩选区

选区确定后,若想放大选区,可选择菜单中的"选择>修改>扩展"命令,打开"扩展选区"对话框,输入数值(1~16),选区将以指定像素扩展,保持原来形状不变。

以下两个命令也可扩展选区:

选择>修改>扩大选区:可按颜色的近似程度扩大与选区相邻的区域,近似程度由魔棒工具的容差值决定。

选择>修改>选择相似:按颜色的近似程度(由容差值决定)扩大选区,这些扩展的选区不一定与原来选区相邻。

收缩选区：可选择"修改＞缩小"命令，将按设置的像素减小选区，用法与扩展相似。

3. 调整选区边缘的宽度和平滑度

选择＞修改＞扩边：可设置选区边缘的宽度为 1～64 像素，结果是原来选区变为轮廓区域。

选择＞修改＞平滑：系统可对边界进行平滑处理，半径越大，边界越平滑。

4. 反选与羽化

反选：将选择区与非选择区相互转换。

反选快捷键为 Ctrl＋Shift＋I。

羽化：把选择区的边缘虚化，从而在进行图像的合成等操作时能把不同的图像区域无缝地组合在一起。

羽化快捷键为 Ctrl＋Alt＋D。

5. 变换选区

缩放：可在维持矩形各方向不变的情况下调整选区大小，若同时按 Shift 键，则以固定长宽比缩放。

旋转：可自由旋转选区。

斜切：将光标移到四角的控制柄上并拖动，可在保持其他三个控制柄不变的情况下对选区进行倾斜变形。将光标移到四边的中间控制柄上，可在保持其他角点不动的情况下，沿控制框所在边的方向进行移动。（按住 Ctrl＋Shift 键可达到同样的效果）

扭曲：可任意拉伸四个控制点进行自由变形，但框线区域不得为凹入形状。（按住 Ctrl 键可达到同样的效果）

透视：拖动控制点时框线会变成对称梯形。（按住 Ctrl＋Shift＋Alt 键可达到同样的效果）

6. 选区的运算

选区的运算就是指添加、减去、交集等操作，它们以按钮形式分布在选项栏上，分别是新选区、添加到选区、从选区减去、与选区交叉。也可以通过快捷键来切换：添加到选的快捷键是 Shift，从选区减去的快捷键是 Alt，与选区交叉的快捷键是 Shift＋Alt。这些快捷键只需要在鼠标按下之前按下即可，在鼠标按下以后，快捷键可以松开。比如要加上选区，那么先按住 Shift 键，然后按下鼠标开始拖动，此时就可以松开 Shift 键，不必一直按着，这种方式大家应该多练习几次。

2.1.3　图像的剪切、复制与粘贴 ▼

剪贴板是操作系统提供的一个临时的储存区域，它可把文字、文件路径名、图像等数据临时储存在内存里面，然后粘贴到目标程序中，如资源管理器、写字板等。

Photoshop CS6 也有剪贴板功能，可用于剪切、复制与粘贴像素图像和文字。

（1）对像素图层进行操作时，要先建立选区，如图 2-12 所示，然后用"编辑＞复制"命令把选区中的画面复制到剪贴板中。

（2）用"编辑＞粘贴"命令把剪贴板中的画面粘贴到图像内，这时画面将会粘贴到一个新的像素图层中，并与原始位置对齐。在图 2-13 中，为了便于观察，用移动工具改变了图像位置。

（3）"编辑＞剪切"与"编辑＞复制"的用法相同，都会把图像保存到剪贴板中，但剪切会把原始的图像删除而形成透明的区域，如图 2-14 所示。

（4）清理剪贴板是指把剪贴板里面的内容清空。当复制新的内容时，剪贴板中旧的内容会被自动清除。还可把剪贴板里面的内容粘贴到其他的图像文件中，如图 2-15 所示。

图 2-12　建立选区　　　　图 2-13　复制　　　　图 2-14　剪切　　　　图 2-15　不同图像文件的粘贴

在编辑文字图层时，也可使用剪贴板，但要注意文字的格式不支持复制。

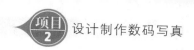
2.1.4 修复画笔工具 ▼

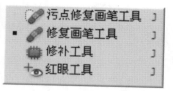

图 2-16 修复画笔工具

Photoshop CS6 的修复画笔工具内包含四个工具,分别是污点修复画笔工具、修复画笔工具、修补工具、红眼工具。修复画笔工具快捷键是 J。图 2-16 所示为修复画笔工具。

1. 修复画笔工具

修复画笔工具的属性栏如图 2-17 所示。

图 2-17 修复画笔工具的属性栏

(1) 点按属性栏中的画笔样本,并在弹出式面板中设置画笔选项。

(2)"模式"选项中选择"混合模式"。若选择"替换",可以保留画笔描边边缘处的杂色、胶皮颗粒和纹理。

(3) 选择用于修复像素的"源","取样"可以使用当前图像的像素,而"图案"可以使用某个图案的像素。如果选择了"图案",请从"图案"弹出式面板中选择一个图案。

(4) 选择"对齐",会对像素连续取样而不会丢失当前的取样点,即使松开鼠标也是如此;如果取消选择"对齐",则会在每次停止并重新开始绘画时使用初始取样点中的样本像素。

(5) 选择对所有图层取样,可从所有可见图层中对数据进行取样;如果取消对所有图层取样,则只从现用图层中取样。

设置取样点。对于处于取样模式中的修复画笔工具,可以这样来设置取样点:将指针置于任何打开的图像上,然后按住 Alt 键并点按鼠标。

在图像中拖移。每次松开鼠标时,样本像素都会与现有像素混合。检查状态栏,可以看到混合过程的状态。

2. 污点修复画笔工具

污点修复画笔工具可以快速移去照片中的污点和其他不理想的部分。污点修复画笔工具的工作方式与修复画笔工具类似,它使用图像或图案中的样本像素进行绘画,并将样本像素的纹理、光照、透明度和阴影与所修复的像素相匹配。与修复画笔工具不同的是,污点修复画笔工具不要求指定样本点。污点修复画笔工具将自动从所修饰区域的周围取样。

3. 修补工具

使用修补工具时,可以用其他区域或图案中的像素来修复选中区域。与修复画笔工具一样,修补工具会将样本像素的纹理、光照和阴影与源像素进行匹配。可以使用修补工具来仿制图像的隔离区域。

4. 红眼工具

红眼工具可移去用闪光灯拍摄的人物照片中的红眼,也可以移去用闪光灯拍摄的动物照片中的白、绿色反光。

红眼工具的属性栏如图 2-18 所示。

图 2-18 红眼工具的属性栏

(1) 瞳孔大小:设置瞳孔(眼睛暗色的中心)的大小。

(2) 变暗量:设置瞳孔的暗度。

红眼工具的使用方法:

(1) 选择红眼工具。

（2）点按红眼。如果对结果不满意，请还原修正，在属性栏中设置一个或多个选项，然后再次点按红眼。

2.1.5 仿制图章工具 ▼

Photoshop CS6 的仿制图章工具内包含两个工具，分别是仿制图章工具和图案图章工具。仿制图章工具实际上是一种复制工具，其快捷键是 S。图 2-19 所示为仿制图章工具。

图 2-19 仿制图章工具

仿制图章工具从图像中取样，然后将样本应用到其他图像或同一图像的其他部分。也可以将一个图层的一部分仿制到另一个图层中。该工具的每个描边在多个样本上绘画。要复制对象或移去图像中的缺陷，仿制图章工具十分有用。

在使用仿制图章工具时，应在该区域中设置要应用到另一个区域中的取样点。在属性栏中选择"对齐"，无论绘画停止和继续过多少次，都可以重新使用最新的取样点。取消"对齐"，将在每次绘画时重新使用同一个样本。

仿制图章工具的属性栏如图 2-20 所示。

图 2-20 仿制图章工具的属性栏

因为可以将任何画笔的笔尖与仿制图章工具一起使用，所以可以对仿制区域的大小进行多种控制。还可以使用属性栏中的"不透明度"和"流量"选项来微调应用仿制区域的方式。可以从一个图像中取样并在另一个图像中应用仿制，前提是这两个图像的颜色模式相同。

仿制图章工具的用法：

（1）选择仿制图章工具。

（2）在属性栏中选取画笔笔尖为混合模式，设置不透明度和流量。

（3）然后确定想要对齐样本像素的方式。在属性栏中选择"对齐"，会对像素连续取样而不会丢失当前的取样点，即使松开鼠标也是如此；如果取消选择"对齐"，则会在每次停止并重新开始绘画时使用初始取样点中的样本像素。

（4）在属性栏中选择"对所有图层取样"，可以从所有可视图层中对数据进行取样；取消选择"对所有图层取样"，将只从现用图层中取样。

（5）通过将指针放在任何打开的图像中，然后按住 Alt 键并点按鼠标来设置取样点。

（6）在要校正的图像部分上拖移鼠标。

使用仿制图章工具后的效果图如图 2-21 所示。

图 2-21 使用仿制图章工具后的效果图

2.1.6 模糊与锐化工具 ▼

Photoshop CS6 的模糊工具内包含三个工具，分别是模糊工具、锐化工具、涂抹工具。模糊工具的快捷键是 R。图 2-22 所示为模糊工具。

（1）模糊工具：一种通过笔刷使图像变模糊的工具。它的工作原理是降低像素之间的反差。使用模糊工具前后的效果图如图 2-23 所示。

图 2-22 模糊工具

 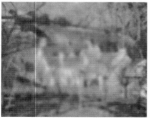

图 2-23 使用模糊工具前后的效果图

模糊工具的属性栏如图 2-24 所示。

图 2-24　模糊工具的属性栏

画笔:选择画笔的形状。

模式:色彩的混合方式。

强度:画笔的压力。

点选"对所有图层取样",可以使模糊作用于所有图层的可见部分。

(2)锐化工具:与模糊工具相反,它是一种使图像色彩锐化的工具,也就是增大像素之间的反差。使用锐化工具前后的效果图如图 2-25 所示。

锐化工具的属性栏与模糊工具的相同。

2.1.7　减淡与加深工具

Photoshop CS6 的减淡工具内包含三个工具,分别是减淡工具、加深工具、海绵工具。减淡工具的快捷键是 O。这里重点介绍减淡工具和加深工具。减淡工具如图 2-26 所示。

  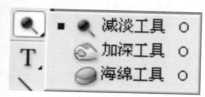

图 2-25　使用锐化工具前后的效果图　　　　**图 2-26　减淡工具**

减淡工具和加深工具用于改变图像的亮度和暗调,其原理来源于胶片曝光显影后,经过部分暗化和亮化,可改善曝光效果。

减淡工具和加深工具的属性栏如图 2-27 所示。

图 2-27　减淡工具和加深工具的属性栏

(1)范围:选择要处理的特殊色调区域,有三个选项,即暗调、中间调、高光。

暗调:选中后减淡工具和加深工具只作用于图像的暗调区域。

中间调:选中后减淡工具和加深工具只作用于图像的中间调区域。

高光:选中后减淡工具和加深工具只作用于图像的亮调区域。

(2)曝光度:调整图像的曝光强度。建议使用时先把曝光度的值设置得小一些,15%比较合适。

2.1.8　图像色彩的调整

Photoshop CS6 的色彩调整功能非常强大,选择"图像>调整"命令,可以看到在调整级联菜单中有很多关于色彩调整的命令。本节重点介绍以下几类调整:粗略色彩调整命令——自动颜色、自动对比度和自动色阶,精确色彩调整命令——色彩平衡、匹配颜色、色相/饱和度和替换颜色,特殊色彩调整命令——反相、色调分离、阈值、去色和渐变映射等。

1.自动颜色、自动对比度和自动色阶

1)自动颜色

"自动颜色"命令除了增加颜色对比度以外,还将对一部分高光和暗调区域进行亮度合并。最重要的是,它把处在 128 级亮度的颜色纠正为 128 级灰色。正因为这个对齐灰色的特点,"自动颜色"命令既有可能修正偏色,也有可能引起偏色。自动颜色效果如图 2-28 所示。

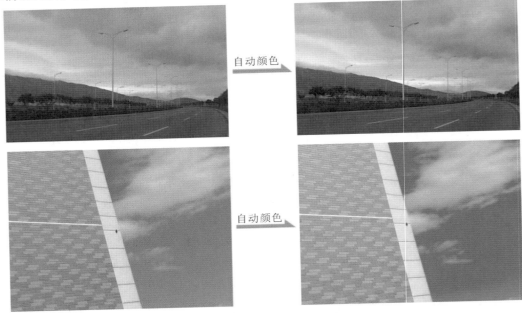

图 2-28　自动颜色效果

2）自动对比度

自动对比度是以 RGB 综合通道作为依据来扩展色阶的,因此在增加色彩对比度的同时不会产生偏色现象。也正因为如此,在大多数情况下,颜色对比度的增加效果不如自动对比度来得显著。自动对比度效果如图 2-29 所示。

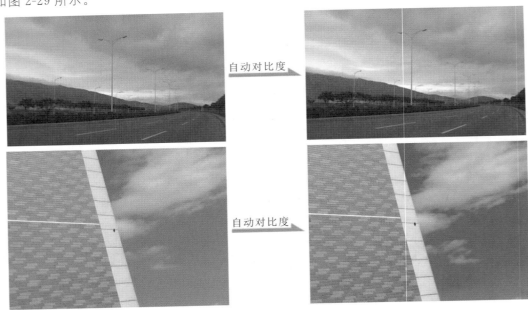

图 2-29　自动对比度效果

3）自动色阶

自动色阶其实与前面曲线和色阶设置中所用到的自动功能一样,将红色、绿色、蓝色 3 个通道的色阶分布扩展至全色阶范围。这种操作可以增加色彩对比度,但可能会引起图像偏色。自动色阶效果如图 2-30所示。

图 2-30　自动色阶效果

在自动色阶按钮下方有一个选项按钮，单击该按钮后出现一个自动颜色设置框，如图 2-31 所示，从中可以看到有 3 种算法。

增强单色对比度：等同于前面所说的自动对比度的效果。

增强每通道的对比度：等同于自动色阶的效果。

查找深色与浅色：再勾选"对齐中性中间调"选项，就等同于自动颜色的效果。

下方的剪贴数值即指定进行亮度合并的高光和暗调的范围，如果设置得过大，将会造成图像细节的损失，这个在前面的课程中已经提到过了。另外，单击暗调、中间调和高光的色块，可以改变它们的颜色值。建议不要更改这些颜色值，如果改变了，勾选下方的"存储为默认值"，那么以后曲线的自动命令就以这次设定的效果为准。

2. 色彩平衡、匹配颜色、色相/饱和度和替换颜色

1）色彩平衡

色彩平衡是一个功能较少，但操作直观、方便的色彩调整工具。它在色调平衡选项中将图像笼统地分为暗调、中间调和高光三个色调，每个色调可以进行独立的色彩调整。从三个色彩平衡滑杆中可以印证色彩原理中的反转色：红对青，绿对洋红，蓝对黄。属于反转色的两种颜色不可能同时增加或减少。色彩平衡设置框如图 2-32 所示。

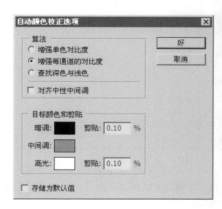

图 2-31　自动颜色设置框

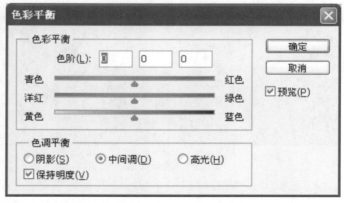

图 2-32　色彩平衡设置框

图 2-33 所示分别是暗调部分红色＋100、中间调部分红色＋100、高光部分红色＋100 的效果图,可以很明显地对比出不同加亮部位的区别。大家也许觉得暗调和中间调的区别不如高光明显,那是因为背景天空中有大片的白云属于高光区域的缘故,而白云在暗调和中间调时都没有改变。可以用手遮挡掉天空,比较一下剩下的区域,差别就不那么明显了。

(a) 暗调部分红色+100　　　　(b) 中间调部分红色+100　　　　(c) 高光部分红色+100

图 2-33　不同色调平衡的效果

色彩平衡设置框的最下方有一个"保持明度"选项,它的作用是在三基色增加时减小亮度,在三基色减少时增大亮度,从而抵消三基色增加或减少时带来的亮度变化。

2）匹配颜色

通过曲线或色彩平衡之类的工具,可以任意地改变图像的色调,但如果要参照另外一幅图片的色调来做调整的话,还是比较复杂的,特别是在色调相差比较大的情况下。为此,Photoshop 专门提供了在多幅图像之间进行色调匹配的命令。需要注意的是,必须在 Photoshop 中同时开启多幅 RGB 模式(CMYK 模式下不可用)的图像,才能够在多幅图像中进行色彩匹配。分别用项目 2 素材中的"台灯""划船"图片来演示操作,如图 2-34 所示。

使其中一幅图片处在编辑状态,然后启动匹配颜色命令,会看到图 2-35 所示的对话框。在顶部的"目标"选项后显示被修改的图像文件名。如果目标图像中有选区存在的话,文件名下方的"应用调整时忽略选区"选项就会有效,此时可选择只针对选区还是针对全图进行色彩匹配。

图 2-34　匹配原图　　　　　　　　　**图 2-35　"匹配颜色"对话框**

对话框下方的"图像统计"选项中可以选择颜色匹配所参照的源图像文件名,这个文件必须同时在 Photoshop 中处于打开状态。如果源文件包含多个图层,可在图层选项列表中选择只参照其中某一层进行匹配。

最下方的"存储统计数据"按钮的作用是将本次匹配的色彩数据存储起来,文件扩展名为.sta。这样下次进行匹配的时候可选择载入这次匹配的数据,而不再需要打开这次的源文件,也就是说,在这种情况下就不需要再在 Photoshop 中同时打开其他的图像了。载入的颜色匹配数据可以被编辑到自动批处理命令中,这样可以很方便地针对大量图像进行同样的颜色匹配操作。

在位于对话框中部的"图像选项"中可以设置匹配的效果。"中和"选项的作用是使颜色匹配的效果减半,这样最终效果是保留一部分原先的色调。

将"台灯"图片作为目标图像,将"划船"图片作为源图像,以及两者交换后进行完全颜色匹配和中和颜色匹配的效果如图 2-36 所示。

除了参照另外一幅图像进行匹配以外,如果正在制作的图像中有多个图层,那么也可以在本图像中的不同图层之间进行颜色匹配。

3)色相/饱和度

色相/饱和度主要用来改变图像的色相,就是类似于将红色变为蓝色,将绿色变为紫色等。

利用"图像>调整>色相/饱和度"命令打开"色相/饱和度"对话框,如图 2-37 所示。

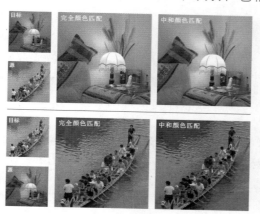

图 2-36 颜色匹配的各种效果

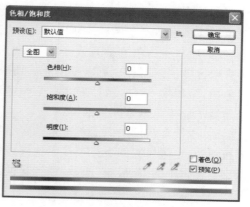

图 2-37 "色相/饱和度"对话框

拉动色相的滑杆,可以改变色相。需要注意的是,对话框下方有两个色相色谱,其中上方的色谱是固定的,下方的色谱会随着色相滑杆的移动而改变。这两个色谱的状态就是在告诉我们色相改变的结果。

打开项目 2 素材中的"花卉"图片,按图 2-38(a)设置色相,观察两个方框内的色相色谱的变化情况。在改变前,红色对应红色,绿色对应绿色;在改变之后,红色对应绿色,绿色对应蓝色。这就是图像中相应颜色区域的改变效果。在图 2-38(b)中,红色的花变为绿色,绿色的树叶变为蓝色。

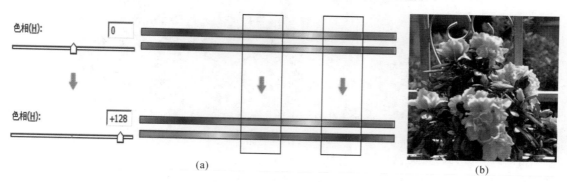

(a)　　　　　　　　　　　　(b)

图 2-38 色相设置效果

饱和度是指控制图像色彩的浓淡程度,类似于电视机中的色彩调节。改变饱和度的同时,"色相/饱和度"对话框下方的色谱也会跟着改变。饱和度调至最低的时候,图像就变为灰度图像了。对灰度图像改变色相是没有用的。图 2-39 所示为不同饱和度的效果。

图 2-39　不同饱和度的效果

　　明度,就是亮度,类似于电视机的亮度调节。如果将明度调至最低,会得到黑色;如果将明度调至最高,会得到白色。对黑色和白色改变色相或饱和度都是没用的,具体效果大家可自己动手实验,这里就不再列图示范了。

　　在"色相/饱和度"对话框右下角有一个"着色"选项,它的作用是将画面改为同一种颜色效果。

　　4)替换颜色

　　"替换颜色"命令和"色相/饱和度"命令的作用是类似的,可以说它其实就是"色相/饱和度"命令的一个分支。使用时在图像中单击所要改变的颜色区域,"替换颜色"对话框中就会出现有效区域的灰度图像(需选择"选区"选项),呈白色的是有效区域,呈黑色的是无效区域,如图 2-40 所示。改变颜色容差可以扩大或缩小有效区域的范围。也可以使用添加到取样工具和从取样中减去工具来扩大和缩小有效范围,操作方法同色相/饱和度一样。虽然颜色容差和增减取样都是针对有效区域范围的改变,但应该说颜色容差的改变是基于取样范围基础上的。

　　另外,也可以直接在灰度图像上单击来改变有效范围,但效果不如在图像中来得直观和准确。除了单击"确定"按钮外,也可以在图像或灰度图像中按着鼠标拖动来观察有效范围的变化。

　　打开项目 2 素材中的"集装箱"图片,进行替换颜色操作,效果如图 2-41 所示。

图 2-40　"替换颜色"对话框

图 2-41　替换颜色效果

　　3.反相、色调分离、阈值、去色和渐变映射

　　1)反相

　　反相是指将图像中的色彩转换为反转色,如将白色转换为黑色,红色转换为青色,蓝色转换为黄色等,效果类似于普通彩色胶卷冲印后的底片效果。

　　2)色调分离

　　色调分离是指大量合并亮度,最小数值为 2 时合并所有亮度到暗调和高光两部分,数值为 255 时相当于没有效果。此操作可以在保持图像轮廓的前提下有效地减少图像中的色彩数量。使用时开启 RGB 直方图调板,即可看见合并后的色阶效果。图 2-42 所示为设置色阶为 4 时的色调分离效果。

图 2-42   设置色阶为 4 时的色调分离效果

3)阈值

将图像转化为黑白二色图像(位图),可以指定为 0 至 255 级亮度中的任意一级。使用时应反复移动色阶滑杆并观察效果。一般设置在像素分布最多的亮度级上可以保留最丰富的图像细节,其效果可用来制作漫画或版刻画。打开项目 2 素材中的"房子"图片,设置相应的阈值,如图 2-43 所示,效果如图 2-44 所示。

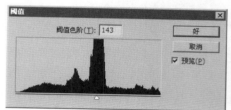

图 2-43   "阈值"对话框

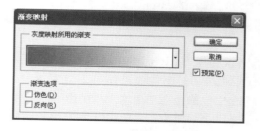

图 2-44   阈值效果

4)去色

去色相当于在色相/饱和度中将饱和度设置为最低,把图层转变为不包含色相的灰度图像。

5)渐变映射

"渐变映射"命令可以将相等的图像灰度范围映射到指定的渐变填充色,比如指定双色渐变填充,将图像中的暗调映射到渐变填充的一个端点颜色,高光映射到另一个端点颜色,而中间调映射到两个端点颜色之间的渐变。

执行"图像>调整>渐变映射"命令或"图层>新建调整图层>渐变映射"命令,即会弹出"渐变映射"对话框,如图 2-45 所示。

单击"渐变映射"对话框中的渐变条,即可弹出"渐变编辑器"对话框,如图 2-46 所示。

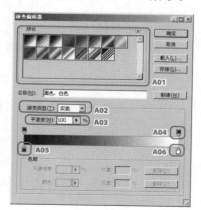

图 2-45   "渐变映射"对话框

图 2-46   "渐变编辑器"对话框

A01:渐变映射的预设,用鼠标单击渐变方块,就可以应用该渐变映射,还可以通过"预设"右上方的小三角形和"载入""存储"按钮来读取和保存自定义的预设。

A02:渐变类型有两种,一种是"实底",另一种是"杂色",在图2-46中是"实底"的渐变,"杂色"的渐变是随机生成的,一般用于比较炫目的特效制作,这里就不再讲述了。

A03:平滑度的设定,在 Photoshop 的 Help 文件中也没有什么解释,在个人的使用过程中,只是觉得平滑度的设定可以适当增强图像的对比度,在一些很细微的变化中可以尝试调整。

A04:不透明度色标,用于设定渐变的不透明度。当不透明度为100%时,该不透明度色标下的颜色为实色;当不透明度为0%时,该不透明度色标下的颜色为透明色;当不透明度为50%时,该不透明度色标下的颜色为半透明色,以此类推。不透明度色标可以左右滑动,以此设定不透明度的渐变点;也可以在两个不透明度色标之间单击,以此添加新的不透明度色标点。

A05:左边色标点。

A06:右边色标点。

▶▶▶ 任务2 项目实施

2.2.1 制作人物特效 ▼

(1)打开项目2素材中的"婚纱"图片,如图2-47所示。

(2)单击图层面板,双击背景图层并确定,解锁背景图层为普通图层0,如图2-48所示。

(3)单击图层面板下的"创建新图层"按钮,新建图层1,填充前景色(♯339999),把图层1移到图层0下方,如图2-49所示。

图2-47　打开"婚纱"图片　　　　图2-48　解锁图层　　　　图2-49　新建图层

(4)选择图层0,单击魔棒工具,将工具选项栏中的容差值设置为"10",按下 Shift 键的同时使用魔棒工具连续单击未选中的背景,直到完全选取为止,如图2-50所示。

➡小技巧

抠图过程中,可以将魔棒工具、套索工具综合运用。放大素材图,尽可能把最大背景选中,尤其是头发、丝纱部分更要多次重复操作才能达到最佳效果。以后学习了通道、蒙版后,就可以使用更加有效的方式抠出图像。

(5)按下快捷键 Shift+Ctrl+L,反选选区;按下快捷键 Shift+F6,弹出"羽化选区"对话框,将羽化半径设置为"1";按下快捷键 Ctrl+J,复制图层2,删除图层0。图像效果如图2-51所示。

(6)单击减淡工具,调出减淡工具画笔,设置属性栏中的范围参数值为"阴影",在婚纱部分(以红框所示部分为重点)轻微涂抹,可以结合加深工具综合使用,尽量消除原来背景色的影响,达到人物从背景中抠除的效果。保存文件为"蝴蝶仙子.PSD",最终效果如图2-52所示。

图 2-50 用魔棒工具选取背景 　　图 2-51 图像效果 　　图 2-52 用减淡工具消除背景色

2.2.2 添加背景效果 ▼

（1）打开项目 2 素材中的"背景"图片，用移动工具将其拖移到"蝴蝶仙子. PSD"文件中，如图 2-53 所示，默认形成图层 3，并将图层 3 放置在图层 2 的下面。关闭背景图片。

（2）按下快捷键 Ctrl＋T，调整背景至合适的尺寸，如图 2-54 所示。按住 Shift 键可按比例缩放背景。

（3）给人物增加灵动的翅膀。打开项目 2 素材中的"蝴蝶"图片，用移动工具将其拖动到"蝴蝶仙子. PSD"文件中，默认形成图层 4，将其放在图层 2 的下面，如图 2-55 所示，关闭"蝴蝶"图片。

图 2-53 导入背景 　　图 2-54 调整背景大小 　　图 2-55 导入蝴蝶素材

（4）将蝴蝶放置到人物背景居中位置，在工具箱中选择魔术橡皮擦工具，在工具选项栏中设置容差值为"20"，勾选"消除锯齿"和"连续"，不透明度为 100％，在白色的背景上单击鼠标，就可以轻松地将背景去除，得到图 2-56 所示的效果图。

（5）稍微缩小蝴蝶，这样可以让翅膀看起来更轻盈。选择图层 2 中的婚纱图像，按下快捷键 Ctrl＋T，调整婚纱边缘，然后适当修改图层透明度，让婚纱显得更加飘逸透明，如图 2-57 所示。

图 2-56　调整图像的边缘

图 2-57　调整翅膀和婚纱

2.2.3　图像合成特效　▼

（1）选择图层 2，按住 Ctrl 键的同时单击图层 2 缩栏图，将人物重新载入选区，如图 2-58 所示。

（2）按下快捷键 Ctrl＋M，打开"曲线"对话框，分别调整 RGB 的明暗对比度和蓝通道的明暗对比度，如图 2-59 和图 2-60 所示。

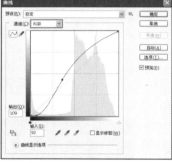
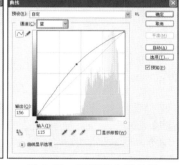

图 2-58　载入人物　　　　图 2-59　RGB 曲线设置　　　　图 2-60　蓝通道曲线设置

（3）选择图层 4，按住 Ctrl 键的同时单击图层 4 缩栏图，将蝴蝶载入选区；单击图层面板下面的"创建新的填充和调整图层"按钮，如图 2-61 所示，打开"色彩平衡"对话框，在对话框中色调选择"中间调"，加强"红色"、"洋红"以及"蓝色"，如图 2-62 所示，此时蝴蝶色调变成了蓝紫色，和人物统一起来了。

（4）选择图层 3，用同样的方法将"色彩平衡"对话框打开，色调选择"阴影"，加强"红色"、"洋红"以及"蓝色"，如图 2-63 所示。

图 2-61　载入蝴蝶，打开"色彩平衡"对话框　　图 2-62　色彩平衡设置 1　　图 2-63　色彩平衡设置 2

（5）选择图层 4，将该图层的不透明度降低，设置为"70％"，效果如图 2-64 所示。经过调整后画面色调统一，紫色调充满了神秘感。

（6）新建图层 5，设置前景色为白色，选择合适的画笔工具在翅膀和婚纱下面进行绘制，添加星光效果,如图 2-65 所示。

(7)打开项目 2 素材中的"蝴蝶"图片,用矩形选框工具选择彩色蝴蝶,用移动工具将其拖入"蝴蝶仙子.PSD"文件中,多复制几个,用魔术橡皮擦工具擦去白色背景,调整各个蝴蝶的方向、大小和位置,合并所有蝴蝶图层为一个图层,如图 2-66 所示。

(8)完成最终效果,如图 2-67 所示。

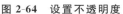

图 2-64　设置不透明度　　图 2-65　添加星光效果　图 2-66　添加蝴蝶元素　图 2-67　最终效果

项目小结

选区操作是绘图的基本技术。通过本项目的学习,应该掌握选择工具的基本操作和应用,懂得综合运用各种选择工具完成相对复杂的绘图。本项目还介绍了绘图的修改工具,它们也是绘图的重要工具,灵活运用它们可以达到意想不到的效果。同时,要掌握色彩调整的精髓,掌握好这些色彩调整命令及图像色彩调整方法,能有效地控制好色彩,制作出高品质图像效果,使作品更加美观。

练习题

1. 选区操作中的添加、减去和交叉分别有什么不同?
2. 什么是容差?
3. 什么是羽化?
4. 修复画笔工具属性栏中的"取样"和"图案"设置效果有什么不同?
5. 修复画笔工具和仿制图章工具有什么不同?
6. 请用 Photoshop CS6 设计图 2-68 所示的数码写真效果图。

图 2-68　数码写真效果图

项目 3

设计制作宣传海报

SHEJI ZHIZUO
XUANCHUAN
HAIBAO

画笔、文字和图层是 Photoshop CS6 中最为常用的工具，它们能够直接影响作品的最终效果，直接表明作品的主题。优秀的作品应该是灵活地运用画笔、文字和图层工具而创作出来的。因此，在处理图像时，要善于思考，创造性地运用工具。Photoshop CS6 提供了一系列关于画笔、文字和图层的命令，这些命令既简便又实用，灵活地使用这些命令可以突出主题，营造作品氛围。本项目主要运用画笔、渐变、文字、路径、图层、图层样式、图层蒙版、调整图层等工具来制作上下五千年宣传海报，如图 3-1 所示。

图 3-1 上下五千年宣传海报

学习目标

- 理解 Photoshop CS6 中绘图、填充、文字、图层的相关知识；
- 掌握绘图工具的使用方法；
- 掌握填充工具的使用方法；
- 掌握文字工具的使用方法；
- 掌握图层的基本知识和运用技巧。

任务 1 相关知识

Photoshop CS6 的绘图功能非常强大，拥有红眼工具、画笔工具、仿制图章工具、历史记录画笔工具、橡皮擦工具、渐变工具、模糊工具、减淡工具。绘图工具对现实有一定的模仿性，但是其运用范围和运用方式远远超过现实中的运用。在接下来的学习中，我们将逐个给大家介绍，指导大家学习。

Photoshop CS6 的填充工具主要有渐变工具和油漆桶工具。利用填充工具可以对图像或图像的一部分进行填充，并且可以通过选择模式和修改不透明度达到不同的效果。

Photoshop CS6 的文字工具可以创造多种不同效果的文字，是常用的文字设计工具，也可以配合其他工具创造出多种文字效果。

Photoshop CS6 的图层工具是最重要的工具之一，它为图像设计的发展起到了开创性的作用。简单来说，图层就是一张张透明的纸，但其丰富的操作为创造更多优秀的图像作品提供了很多的可能，是 PS 学习者需要重点掌握的工具。

宣传海报又名"招贴"或"宣传画"，属于户外广告，分布在各街道、影剧院、展览会、商业闹区、车站、码头、公园等公共场所，国外也称之为"瞬间"的街头艺术，相比于其他广告具有内容广泛、艺术表现力丰富、远视效果强烈的特点。宣传海报的语言要求简明扼要,形式要做到美观。

3.1.1 画笔工具 ▼

Photoshop CS6 的画笔工具内除画笔工具之外,还有铅笔工具、颜色替换工具、混合器画笔工具,如图 3-2 所示。

1.画笔工具

Photoshop CS6 中的画笔工具可在图像上绘制当前的前景色。

在画笔预设面板中可以调节画笔的大小和硬度,大小以像素为单位,而硬度则是指画笔边缘的柔滑程度和范围。

图 3-3 所示为画笔预设面板,可以替换或者添加新的画笔预设,也可以导入很多其他的画笔素材。单击"载入画笔"选项,可以载入自己的画笔素材;而单击"混合画笔"选项以下的画笔,则是 Photoshop CS6 自带的画笔库,如图 3-4 所示。

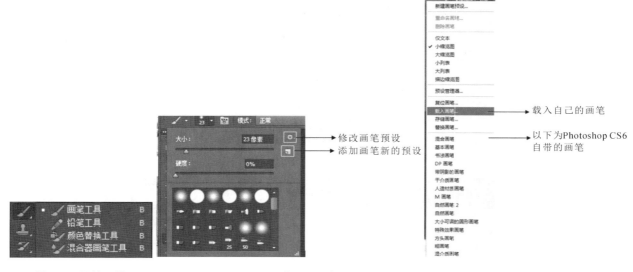

图 3-2　画笔工具　　　　图 3-3　画笔预设面板 1　　　　图 3-4　画笔载入

下面我们来学习一下画笔工具的属性栏(见图 3-5)。

图 3-5　画笔工具的属性栏

单击 ![icon],可以弹出画笔预设面板(或者执行"窗口>画笔>画笔预设"命令),如图 3-6 所示,从而可以进行画笔的选择、修改画笔的大小和硬度。

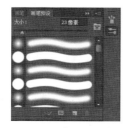

单击 ![icon],可以进入画笔面板,对画笔做进一步的修改,并且可以具体修改画笔的笔尖形态,从而创造出丰富多彩的画笔效果,使一个画笔演变出很多不同的新画笔,如图 3-7所示。

在画笔工具的属性栏中选择 模式: 正片叠底 ,可以通过画笔的模式选择使同一个画笔颜色呈现出不同的画笔效果,其效果与图层模式的效果类似,在后面学习图层时会详细加以介绍。

图 3-6　画笔预设面板 2

选择画笔工具属性栏中的 不透明度: 50% ,可以修改画笔的不透明度;选择

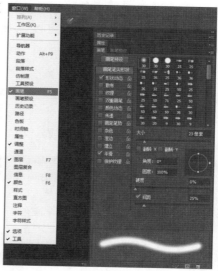

图 3-7　画笔面板

流量：100% ，可以控制画笔颜色吐出的颜色量。两者经常配合使用，用于营造画面氛围。

如果将画笔工具用作喷枪，先单击 ，按住鼠标按钮（拖动），可增加颜色量。

如果常使用绘图板，则可以配合 和 来控制画笔的不透明度和流量，十分便捷。

2. 铅笔工具

铅笔工具 ：虽然与画笔工具是一个类别，但铅笔工具的用途主要是构图、勾线框。绘图就常用到铅笔工具。铅笔工具也常用来绘制像素图等。

在运用铅笔工具的时候，按住 Shift 键可以绘制直线。本来铅笔工具是用来绘制前景色的，勾选属性栏中的 自动抹除 ，可以在前景色中绘制背景色，在背景色里绘制前景色。

3. 颜色替换工具

颜色替换工具 ：能够简化图像中特定颜色的替换，可以用校正颜色在目标颜色上绘画。

使用颜色替换工具时，在属性栏中选取画笔笔尖，混合模式设置为"颜色"。

对于"取样"选项，选取下列选项之一：

"连续"：在拖移时对颜色连续取样。

"一次"：只替换第一次点按的颜色所在区域中的目标颜色。

"背景色板"：只抹除包含当前背景色的区域。

对于"限制"选项，选择下列选项之一：

"不连续"：替换出现在指针下任何位置的样本颜色。

"邻近"：替换与紧挨在指针下的颜色邻近的颜色。

"查找边缘"：替换包含样本颜色的相连区域，同时更好地保留了形状边缘的锐化程度。

对于"容差"，输入一个百分比值（范围为 1 到 100）或者拖移滑块。选取较低的百分比值，可以替换与所点按像素非常相似的颜色；而增加该百分比值，可替换范围更广的颜色。

要为所校正的区域定义平滑的边缘，请选择"消除锯齿"。

要替换不需要的颜色，请选择要使用的前景色。

在图像中点按要替换的颜色并在图像中拖移，可替换目标颜色。

颜色替换前后效果如图 3-8 所示。

图 3-8　颜色替换前后效果

4. 混合器画笔工具

混合器画笔工具 ：可以模拟真实的绘画技术，如混合画布上的颜色、组合画笔上的颜色以及在描边过程中使用的不同绘画湿度。混合器画笔工具有两个绘画色管：一个储槽和一个拾取器。储槽存储最终应用于画布的颜色，并且具有较多的油彩容量；拾取器接收来自画布的油彩，其内容与画布颜色是连续混合的。要将油彩载入储槽，按住 Alt 键的同时单击画布，或者选取前景色。从画布载入油彩时，画笔笔尖可以反映出取样区域中的任何颜色变化。如果希望画笔笔尖的颜色均匀，请从属性栏的"当前画笔载入"弹出式菜单中选择"只载入纯色"。图 3-9 所示是混合器画笔工具的属性栏。

点按可打开画笔　　　切换画笔颜色
预设选取器
　　切换画笔面板　　有用的混合画笔组合

图 3-9　混合器画笔工具的属性栏

混合器画笔工具可以更加充分地模仿现实中的绘画调色用笔，调节用笔角度、混合方式、水分多少，使没有什么美术基础的使用者也能很快地绘制出一幅美丽的画，也可使专业人士的使用更加专业。混合器画笔工具是 Photoshop CS6 的新功能中非常优秀的功能。

3.1.2　橡皮擦工具 ▼

Photoshop CS6 中有画笔工具，那么相应地就有橡皮擦工具 。橡皮擦工具可将像素更改为背景

色或透明的。如果用户正在背景中或已锁定透明度的图层中工作，像素将更改为背景色，否则像素将被抹成透明的。还可以使用橡皮擦工具使受影响的区域返回到历史记录面板中选中的状态。

橡皮擦工具的各项操作和修改调整都和画笔工具一样，实际上不管是在 Photoshop CS6 里还是在现实中，橡皮擦工具都应该视为绘制工具而非消除工具。橡皮擦工具演示效果如图 3-10 所示，图中左边为背景色白色擦除，右边为透明色擦除。

图 3-10　橡皮擦工具演示效果

3.1.3　油漆桶工具 ▼

油漆桶工具 是 Photoshop CS6 中的一种常用的填充工具，其填充颜色值与单击像素相似的相邻像素，且不能用于位图模式的图像。

油漆桶工具的操作过程如下：首先选取一种前景色，然后选择油漆桶工具 ，最后指定是用前景色还是用图案填充选区。

油漆桶工具的属性栏如图 3-11 所示。

图 3-11　油漆桶工具的属性栏

在前景处选择图案时，会弹出图案面板，如图 3-12 所示，图案的载入方法和画笔的载入方法类似。

如果勾选"连续的"，则只会在连续的选区内填充；而勾选"所有图层"，则会将填充作用于所有图层。这两者可以根据需要选择，但是"消除锯齿"一般情况下都是勾选的。消除锯齿和不消除锯齿对比如图 3-13所示。

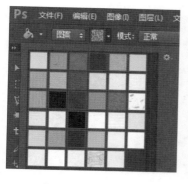

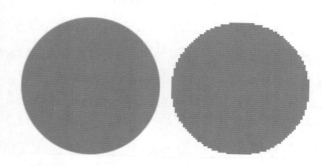

图 3-12　图案面板　　　　图 3-13　消除锯齿和不消除锯齿对比(左:消除锯齿;右:不消除锯齿)

　　油漆桶工具中的容差是一个色彩定义,用于定义一个颜色相似度(相对于用户所单击的像素),一个像素必须达到此颜色相似度才会被填充。容差值的范围为 0～255。低容差填充颜色值范围内与所单击像素非常相似的像素,高容差则填充更大范围内的像素。容差可以在填充时起到一些选择作用。

3.1.4　渐变工具　▼

　　渐变工具 可以创建多种颜色间的逐渐混合。用户可以从预设渐变填充中选取或创建自己的渐变。渐变工具不能用于位图或索引颜色模式图像。

　　如果要填充图像的一部分,请选择要填充的区域,否则渐变填充将应用于整个现用图层。

　　渐变工具的属性栏如图 3-14 所示。

图 3-14　渐变工具的属性栏

　　单击属性栏中的 ,可以弹出"渐变编辑器"对话框,如图 3-15 所示。

　　在"渐变编辑器"对话框中可以选择多种预设的渐变模式,也可以修改渐变类型,调节平滑度,并且可以调节颜色滑块的位置,修改滑块颜色。单击颜色处可以弹出"拾色器(色标颜色)"对话框,如图 3-16 所示。

图 3-15　"渐变编辑器"对话框　　　图 3-16　"拾色器(色标颜色)"对话框

　　渐变工具属性栏中的 ,从左至右分别是线性渐变、径向渐变、角度渐变、对称渐变、菱形渐变。这些都是渐变的方式,可以使渐变变得更加多样化,用户可以根据需要进行合理的选择。

　　线性渐变 :以直线从起点渐变到终点。

　　径向渐变 :以圆形图案从起点渐变到终点。

角度渐变 ：围绕起点以逆时针扫描方式渐变。

对称渐变 ：使用均衡的线性渐变在起点的任意一侧渐变。

菱形渐变 ：以菱形方式从起点向外渐变，终点定义为菱形的一个角。

如果要反转渐变填充中的颜色顺序，请勾选"反向"。

如果要用较小的带宽创建较平滑的混合，请勾选"仿色"。

如果要对渐变填充使用透明蒙版，请勾选"透明区域"。

3.1.5 历史记录画笔工具 ▼

历史记录画笔工具 ：使用指定的历史记录状态或快照中的源数据，以风格化描边进行绘画。通过尝试使用不同的绘画样式、大小和容差，可以用不同的色彩和艺术风格模拟绘画的纹理。与历史记录画笔工具一样，历史记录艺术画笔工具也将指定的历史记录状态或快照用作源数据。但是，历史记录画笔通过重新创建指定的源数据来绘画，而历史记录艺术画笔在使用这些数据的同时，还使用用户自己为创建不同的颜色和艺术风格而设置的选项。

历史记录画笔工具的属性栏和画笔工具的类似，如图 3-17 所示。

图 3-17　历史记录画笔工具的属性栏

下面是历史记录画笔工具和滤镜调色刀的运用演示，如图 3-18 所示。

图 3-18　历史记录画笔工具和滤镜调色刀的运用演示

历史记录画笔工具可以选择历史记录面板上的其中一步或多步进行绘制，将现在的效果和以前的源数据进行混合，从而形成一种或多种新的效果。

3.1.6 文本的创建 ▼

这一小节我们主要学习文本的创建。选择工具箱中的文字工具 **T**，在工作区域单击就可以进行文本的创建，同时在图层面板中就会形成一个文字图层。该文字图层在默认情况下以文字内容命名。文本的创建如图 3-19 所示。

文本的创建工具分为横排文字工具和直排文字工具，单击文字工具 **T** 右下角的黑色小三角形，可以展开进行选择。

在文字工具中还有两个文字蒙版工具　　　　横排文字蒙版工具　T ，它们和文字工具的操作方法类似，但　　　　　　　　直排文字蒙版工具　T ，效果和作用有一些区别。横排文字蒙版工具效果如图 3-20 所示。

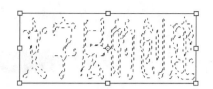

图 3-19 文本的创建　　　**图 3-20 横排文字蒙版工具效果**

值得注意的是,虽然文字蒙版工具的操作方式和文字工具的类似,但其创建的是文字选区,而且不会像文字工具一样形成新的文字图层。在创建文本时,可以根据需要选择文本创建工具。

3.1.7 文字的参数设置 ▼

下面我们来学习一下文字的参数设置。文字的属性栏如图 3-21 所示。

图 3-21 文字的属性栏

切换文本取向：可以在横排文字和直排文字两者间相互切换。

字体选择：选择合适的字体。

字体大小：选择或输入字体大小。

消除锯齿方式：提供了 4 种消除字体边缘锯齿的方式。

文本的对齐方式：分别为左、中、右对齐。

文字颜色：修改文字颜色。

创建文字变形：修改文字的排列样式。

字符和段落：弹出字符和段落面板,可以更进一步编辑文本,如图 3-22 所示。

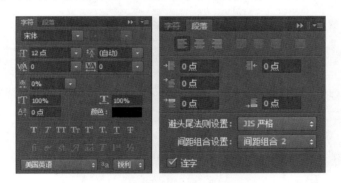

图 3-22 字符和段落面板

在字符和段落面板里,可以具体地编辑文本,甚至可以编辑字高、字宽、字间距、斜体等,俨然就是一个微缩版的 Word。

3.1.8 路径文字 ▼

路径文字是文字工具的一个延伸功能,而现在这个功能也得到了广泛的运用,下面我们就来介绍一下这个路径文字功能的运用方法。

首先要运用钢笔工具绘制一条路径。路径既有开放路径,也有闭合路径,先从开放路径讲起,如图 3-23 所示。

然后选择文字工具 T，将光标靠近路径，注意观察光标的变化。当光标添加上一条虚线时单击鼠标左键，输入文字，如图 3-24 所示。

当运用路径选择工具和直接选择工具 ▶ 路径选择工具 A／▶ 直接选择工具 A 对路径进行调节时，文字会随着路径的变化而变化，如图 3-25 所示。

　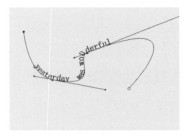

图 3-23　绘制开放路径　　图 3-24　在路径上输入文字　　图 3-25　调节路径上的文字

下面我们来介绍一下封闭路径上的路径文字。首先用钢笔工具创建一个封闭路径，如图 3-26 所示。

选择文字工具，将光标靠近路径。当光标移动到路径上时，光标的变化与开放路径一致，此时可以沿着这条路径输入路径文字。当光标移动到路径内部时，光标将添加上一个虚线的括号，此时单击鼠标左键可以在路径内部书写文字，如图 3-27 所示。

我们再沿着这个桃心边缘添加文字，方法与开放路径的一致，如图 3-28 所示。

图 3-26　绘制封闭路径　　图 3-27　输入路径文字 1　　图 3-28　输入路径文字 2

3.1.9　文字变形 ▽

学习了路径文字后，我们再来看看文字变形。在文字工具的属性栏中有一个文字变形工具 T，下面我们就来看一看这个工具如何使用。

首先创建一段文字，如图 3-29 所示。

单击文字工具的属性栏里的文字变形工具 T，弹出"变形文字"对话框（见图 3-30），"样式"选择"扇形"，勾选"水平"，修改弯曲程度为"50%"，得到图 3-31 所示的文字效果。

图 3-29　创建文字　　图 3-30　"变形文字"对话框　　图 3-31　文字效果

其实文字变形的样式还有很多,如图 3-32 所示。

文字样式在这里就不一一列举了,当选择的文字样式改变了,可以随时预览到文字效果,用户可以根据自己的需要进行选择和修改。注意文字效果和图片作品的一致性,尽量做到风格统一、主题突出。

3.1.10 图层简介 ▼

Photoshop CS6 中,图层可以说是非常核心的部分,很多效果的实现都离不开图层的操作和变换。简单来说,图层就是一张张堆叠在一起的纸,这些纸可以是不透明的、半透明的、透明的或者是部分透明的。透过图层中透明的部分可以看到下面图层的内容。这些图层可以移动并确定其内容的位置。

图层的作用是十分丰富的,它可以执行多个任务,比如复合多个对象、向图像添加文本或者是矢量形状,也可以通过图层样式来添加多种效果,如投影、内外发光等效果。

由于图层的特殊性,Photoshop 的很多效果都要借助图层的特殊性进行操作,如滤镜、通道等。而且在完成作品的过程中,图层的独立性可以避免用户犯错误时牺牲掉很多已经做好的东西。可以这样说,图层的运用水平在很大程度上可以决定用户使用 Photoshop 的水平。

下面先简单地介绍一下 Photoshop CS6 里图层的种类。

背景图层:不可以调节图层顺序,永远在最下面,不可以调节不透明度、图层样式及蒙版,可以使用画笔、渐变、图章和修饰工具。

普通图层:可以进行一切操作。

调整图层:可以在不破坏原图的情况下对图像进行色相、色阶、曲线等操作。

填充图层:一种带蒙版的图层,内容为纯色、渐变和图案,可以转换成调整图层,可以通过编辑蒙版制作融合效果。

文字图层:通过文字工具可以创建,不可以进行滤镜、图层样式等操作。

形状图层:可以通过形状工具和路径工具来创建,内容被保存在它的蒙版中。

智能对象:实际上是一个指向其他 Photoshop 的一个指针,当我们更新源文件时,这种变化会自动反映到当前文件中。

在这些不同类型的图层中,有些是可以相互转化的,比如文字图层就可以栅格化为普通图层。这些图层的综合运用是制作出一个好作品的关键。

图 3-32 文字变形的样式

3.1.11 图层的基本操作 ▼

下面就来学习一下 Photoshop CS6 图层的基本操作。首先来认识一下图层面板,在 Photoshop 软件的右边,在默认的情况下有图层面板,如图 3-33 所示。

很多图层操作都是依靠图层面板上的功能键完成的,下面就来介绍一下这些功能键。

新建图层 ▨ :创建一个新的图层,这个新建的图层是普通图层,最为常用。新建图层的名字按照建立的顺序从图层 1 到图层 N。双击新建图层的图层名,可以对图层进行重命名。"新建图层"对话框如图 3-34 所示。

还有一种新建图层的方式是按下快捷键 Ctrl+Shift+N。

在"新建图层"对话框中可以直接修改图层名称和底色,还可以设置图层模式。

删除图层 ▨ :将一个图层删除。操作方法是选择图层,然后拖入 ▨ ,或者选中图层后按 Delete 键。

复制图层:将图层选中后,单击鼠标右键,在弹出的菜单里选择"复制图层",如图 3-35 所示。

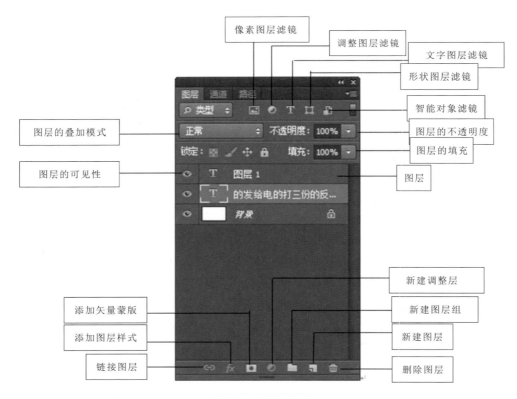

图 3-33　图层面板

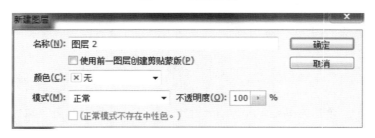

图 3-34　"新建图层"对话框

也可以使用快捷键 Ctrl＋J 复制图层。如果想用"新建图层"对话框复制图层,需要用快捷键 Ctrl＋Alt＋J,如图 3-36 所示。

图 3-35　复制图层

图 3-36　用"新建图层"对话框复制图层

新建图层组 ▰ :图层组的主要作用在于整理和归纳图层,特别是在比较大的作品中,图层往往较多,使用图层组后,可使图层有效地归纳、整理,利于操作。单击 ▰ 可以新建图层组,如图 3-37 所示,可以选择图层,然后将其拖入图层组中。

新建调整层 ◕ :单击 ◕ 可以选择一种调整层进行新建,如图 3-38 所示。调整层经常用于修改图片,并且相对独立,便于操作。

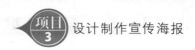

添加矢量蒙版 ⬤：选中图层后，可以单击 ⬤ 为其添加一个矢量蒙版，如图 3-39 所示，而后可以对蒙版进行诸多操作，从而改变图层。

添加图层样式 *fx*：单击 *fx*，可以为图层添加图层样式，如图 3-40 所示，同时弹出"图层样式"对话框（见图 3-41），以便修改。

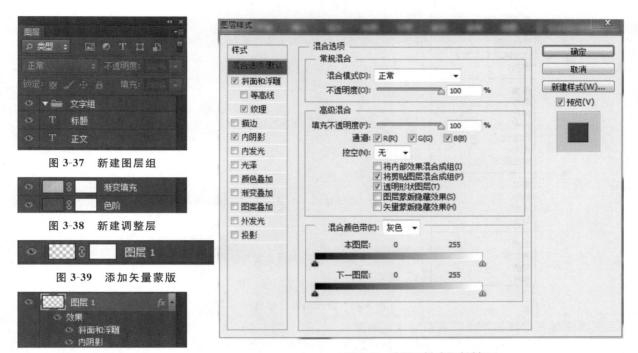

图 3-37　新建图层组

图 3-38　新建调整层

图 3-39　添加矢量蒙版

图 3-40　添加图层样式

图 3-41　"图层样式"对话框 1

链接图层 ⛓：按住 Ctrl 键，选择两个或多个图层，单击 ⛓，可以将所选图层链接起来，再次单击 ⛓，则可取消链接。链接图层可以进行一些同步操作，例如改变大小、旋转等，这在很大程度上使操作者减少了不必要的重复操作。链接图层如图 3-42 所示。

图层的锁定 锁定：▨ 🖌 ✛ 🔒：图层面板里的这四个图标都属于图层的锁定，从左到右分别是锁定透明像素、锁定图像像素、锁定位置、锁定全部。

图 3-42　链接图层

锁定透明像素 ▨：将图层中的透明部分锁定，使其无法修改。

锁定图像像素 🖌：将图层中有图像的部分锁定，使其无法修改。

锁定位置 ✛：锁定图层位置，使其无法移动。

锁定全部 🔒：以上三者同时锁定，使其无法修改。

图层的混合模式 ：Photoshop 的核心功能之一，能分析图片的颜色信息并进行处理，其效果是明显的，也是丰富的，如图 3-43 所示。下面就来详细介绍一下图层的混合模式。

正常模式（Normal 模式）：图层混合模式的默认方式，较为常用，不和其他图层发生任何混合，使用时

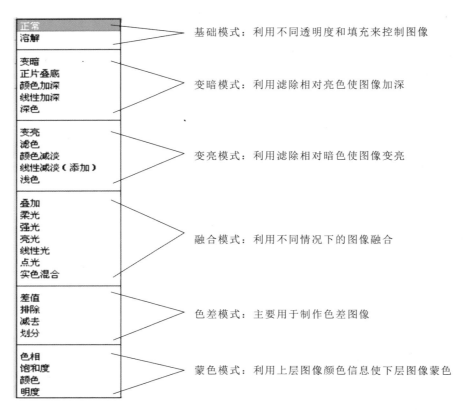

图 3-43　图层的混合模式

用当前图层像素的颜色覆盖下层图层像素的颜色。

因为在 Photoshop 中颜色是当作光线处理的(而不是物理颜料),所以在 Normal 模式下形成的合成或着色作品中不会用到颜色的相减属性。例如,在 Normal 模式下,在 100％不透明红色选择上面加 50％不透明蓝色选择产生一种淡紫色,而不是混合物理颜料时所期望得到的深紫色。当增大蓝色选择的不透明度时,所得到的颜色变得更蓝而不太红,直到 100％不透明度时,蓝色变成了组合颜色的颜色。用 Paintbrush 工具以 50％的不透明度把蓝色涂在红色区域上,结果相同;在红色区域上描画得越多,就有更多的蓝色前景色变成区域内最终的颜色。于是,在 Normal 模式下,永远也不可能得到一种比混合的两种颜色成分中最暗的那个更暗的混合色了。

溶解模式(Dissolve 模式):产生的像素颜色来源于上下混合颜色的一个随机置换值,与像素的不透明度有关。将目标层图像以散乱的点状形式叠加到底层图像上时,对图像的色彩不产生任何的影响。通过调节不透明度,可增大或减小目标层散点的密度。其结果通常是画面呈现颗粒状或线条边缘粗糙化。

当 Dissolve 模式定义为层的混合模式时,将产生不可知的结果。因此,这个模式最好同 Photoshop 中的着色应用程序工具一同使用。Dissolve 模式采用 100％不透明度的前景色(当与 Rubber Stamp 工具一起使用时,采用采样的像素),同底层的原始颜色交替,以创建一种类似扩散抖动的效果。在 Dissolve 模式中,通常采用的颜色或图像样本的不透明度越低,颜色或图像样本同原始图像像素散布的频率就越低。如果以小于或等于 50％的不透明度描画一条路径,Dissolve 模式在图像边缘周围创建一个条纹,这种效果对于模拟破损纸的边缘或原图的“泼溅”类型是重要的。

变暗模式(Darken 模式):混合两图层像素的颜色时,对这二者的 RGB 值(即 RGB 通道中的颜色亮度值)分别进行比较,取二者中较小的值再组合成混合后的颜色,所以总的颜色灰度级降低,造成变暗的效果。显然,用白色去合成图像时毫无效果。考察每一个通道的颜色信息以及相混合的像素颜色,选择较暗的颜色作为混合的结果。颜色较亮的像素会被颜色较暗的像素替换,而颜色较暗的像素不会发生变化。

在 Darken 模式下,仅采用了其层上颜色(或 Darken 模式中应用的着色)比背景颜色更暗的这些层上的色调。这种模式导致比背景颜色更淡的颜色从合成图像中去掉。

正片叠底模式(Multiply 模式)：考察每个通道里的颜色信息,并对底层颜色进行正片叠加处理,其原理和色彩模式中的减色原理是一样的,这样混合产生的颜色总是比原来的颜色要暗。如果和黑色发生正片叠底的话,产生的就只有黑色;而与白色混合,就不会对原来的颜色产生任何影响。将上下两层图层像素颜色的灰度级进行乘法计算,获得的灰度级更低的颜色成为合成后的颜色,图层合成后的效果简单地说是低灰阶的像素显现而高灰阶的像素不显现(即深色出现,浅色不出现),产生类似于正片叠加的效果。(说明：黑色灰度级为 0,白色灰度级为 255。)

Multiply 模式可用来着色,并作为一个图像层的模式。Multiply 模式从背景图像中减去源材料(不论是在层上着色还是放在层上)的亮度值,得到最终的合成像素颜色。在 Multiply 模式中应用较淡的颜色,对图像的最终像素颜色没有影响。Multiply 模式模拟阴影是很棒的。现实中的阴影从来也不会描绘出比源材料(阴影)或背景(获得阴影的区域)更淡的颜色或色调。

颜色加深模式(Color Burn 模式)：使用这种模式时,会加深图层的颜色,加上的颜色越亮,效果越细腻。让底层的颜色变暗,有点类似于正片叠底,但不同的是,它会根据叠加的像素颜色相应地增加底层的对比度。和白色混合没有效果。

除了背景上的较淡区域消失,且图像区域呈现尖锐的边缘特性之外,Color Burn 模式创建的效果类似于由 Multiply 模式创建的效果。

线性颜色加深模式(Linear Burn 模式)：同样类似于正片叠底,通过降低亮度,让底色变暗,以反映混合色彩。和白色混合没有效果。

变亮模式(Lighten 模式)：与变暗模式相反,变亮模式是将两像素的 RGB 值进行比较后,取较大值的像素作为混合后的颜色,因而总的颜色灰度级升高,造成变亮的效果。用黑色合成图像时无作用,用白色合成图像时则仍为白色。

在 Lighten 模式下,较淡的颜色区域在合成图像中占主要地位。在层上的较暗区域,或在 Lighten 模式中采用的着色,并不会出现在合成图像中。

屏幕模式(Screen 模式)：也叫滤色,它与正片叠底模式相反,合成图层的效果是显现两图层中较高的灰阶,而较低的灰阶则不显现(即浅色出现,深色不出现),产生一种漂白的效果,使图像更加明亮。在屏幕模式下,颜色按照色彩混合原理中的增色模式混合。也就是说,对于屏幕模式,颜色具有相加效应。比如,当红色、绿色与蓝色 RGB 值都是最大值 255 的时候,以 Screen 模式混合就会得到 RGB 值为(255,255,255)的白色;相反,黑色意味着 RGB 值为(0,0,0)。所以,与黑色以该种模式混合没有任何效果,而与白色混合则可以得到 RGB 值最大的白色[RGB 值为(255,255,255)]。

Screen 模式是 Multiply 模式的反模式。无论在 Screen 模式下用着色工具采用一种颜色,还是对 Screen 模式指定一个层,源图像同背景合并的结果始终是相同的合成颜色或一种更淡的颜色。屏幕模式对于在图像中创建霓虹辉光效果是有用的。如果在层上围绕背景对象的边缘涂了白色(或任何淡颜色),然后指定层采用 Screen 模式,通过调节层的 opacity 设置,就能获得饱满或稀薄的辉光效果。

颜色减淡模式(Color Dodge 模式)：使用这种模式时,会加亮图层的颜色,加上的颜色越暗,效果越细腻。与 Color Burn 模式刚好相反,Color Dodge 模式通过降低对比度、加亮底层颜色来反映混合色彩。与黑色混合没有任何效果。

除了指定在这个模式的层上边缘区域更尖锐,以及在这个模式下着色的笔画之外,Color Dodge 模式类似于 Screen 模式创建的效果。另外,不管何时定义 Color Dodge 模式混合前景与背景像素,背景图像上的暗区域都将会消失。

线性颜色减淡模式(Linear Dodge 模式)：类似于颜色减淡模式,通过增加亮度来使底层颜色变亮,以获得混合色彩。与黑色混合没有任何效果。

叠加模式(Overlay 模式)：采用此模式合并图像时,综合了正片叠底模式和屏幕模式两种模式的方法,即根据底层的色彩决定将目标层的哪些像素以正片叠底模式合成,哪些像素以屏幕模式合成。合成后有些区域变暗,有些区域变亮。一般来说,发生变化的都是中间调区域,高光和暗调区域基本保持不变。像素是进行 Multiply 混合还是 Screen 混合,取决于底层颜色。颜色会被混合,但底层颜色的高光与阴影部分的亮度细节会被保留。

Overlay 模式以一种非艺术逻辑的方式把放置或应用到一个层上的颜色同背景色进行混合,可以得到有趣的效果。背景图像中的纯黑色或纯白色区域无法在 Overlay 模式下显示层上的 Overlay 着色或图像区域。背景区域上落在黑色和白色之间的亮度值同 Overlay 材料的颜色混合在一起,产生最终的合成颜色。为了使背景图像看上去好像是同设计或文本一起拍摄的,可采用 Overlay 模式在背景图像上画一个设计或文本。

柔光模式(Soft Light 模式):作用效果如同是打上了一层色调柔和的光,因而被称之为柔光模式。柔光模式作用时,将上层图像以柔光的方式施加到下层。当底层图层的灰阶趋于高或低时,会调整图层合成结果的阶调趋于中间的灰阶调,从而获得色彩较为柔和的合成效果。形成的结果是:图像的中间调区域变得更亮,暗调区域变得更暗,图像反差增大,类似于柔光灯照射图像的效果。变暗还是提亮画面颜色,取决于上层颜色信息。如果上层颜色(光源)亮度高于 50%灰,底层会被照亮(变淡);如果上层颜色(光源)亮度低于 50%灰,底层会变暗,就好像被烧焦了似的。如果直接使用黑色或白色去进行混合的话,能产生明显的变暗或者提亮效应,但是不会让覆盖区域产生纯黑或者纯白。

Soft Light 模式根据背景中的颜色色调,把颜色用于变暗或加亮背景图像。例如,如果在背景图像上涂了 50%黑色,这是一个从黑色到白色的梯度,那么着色时梯度的较暗区域变得更暗,而较亮区域呈现出更亮的色调。

强光模式(Hard Light 模式):作用效果如同是打上了一层色调强烈的光,所以称之为强光模式。如果两层中颜色的灰阶偏向于低灰阶,其作用效果与正片叠底模式的作用效果类似;如果偏向于高灰阶,则与屏幕模式的作用效果类似。中间阶调作用不明显。采用正片叠底模式还是屏幕模式混合底层颜色,取决于上层颜色。产生的效果就好像为图像应用了强烈的聚光灯一样。如果上层颜色(光源)亮度高于 50%灰,图像就会被照亮,这时混合方式类似于 Screen 模式;反之,如果上层颜色(光源)亮度低于 50%灰,图像就会变暗,这时混合方式就类似于 Multiply 模式。Hard Light 模式能为图像添加阴影。如果用纯黑或者纯白来进行混合,得到的也将是纯黑或者纯白。

除了根据背景中的颜色使背景色是多重的或者屏蔽的之外,Hard Light 模式实质上同 Soft Light 模式是一样的,它的效果要比 Soft Light 模式更强烈一些。同 Overlay 模式一样,Hard Light 模式也可以在背景对象的表面模拟图案或文本。

亮光模式(艳光模式,Vivid Light 模式):调整对比度,以加深或减淡颜色,主要取决于上层图像的颜色分布。如果上层颜色(光源)亮度高于 50%灰,图像将被降低对比度并且变亮;如果上层颜色(光源)亮度低于 50%灰,图像会被提高对比度并且变暗。

线性光模式(Linear Light 模式):如果上层颜色(光源)亮度高于中性灰(50%灰),则用增加亮度的方法来使画面变亮,反之用降低亮度的方法来使画面变暗。

固定光模式(点光,Pin Light 模式):按照上层颜色分布信息来替换颜色。如果上层颜色(光源)亮度高于 50%灰,比上层颜色暗的像素会被取代,而较之亮的像素则不发生变化;如果上层颜色(光源)亮度低于 50%灰,比上层颜色亮的像素会被取代,而较之暗的像素则不发生变化。

实色混合模式(强混合模式,Hard Mix 模式):Photoshop CS6 新增了一个称为"实色"的混合模式,选择此模式后,该图层图像的颜色会和下一层图层图像中的颜色混合。通常情况下,混合两个图层以后的结果是亮色更加亮了,暗色更加暗了。降低填充不透明度能使混合结果变得柔和。实色混合模式对于一个图像本身而言是具有不确定性的,例如在该模式下锐化图像时,填充不透明度将控制锐化强度的大小。

实色混合模式可产生招贴画式的混合效果。制作一个多色调分色的图片,混合结果是该图片由红、绿、蓝、青、品红(洋红)、黄、黑和白八种颜色组成。混合的颜色由底层颜色与混合图层亮度决定(混合色是基色和混合色亮度的乘积)。

通过调整图层来决定具体色调。

通过对灰度的调整或编辑来决定大致的阈值轮廓。

通过对原图的色彩调整来决定不同色调的分布。(推荐用曲线调整不同的通道)

差值模式(差异模式,Difference 模式):作用时,将要混合的图层的 RGB 值中的每个值分别进行比较,用高值减去低值作为合成后的颜色。所以这种模式也经常被使用,例如通常用白色图层合成一图像时,可以得到负片效果的反相图像。根据上下两边颜色的亮度分布,对上下像素的颜色值进行相减处理。比如,用最大值白色来进行 Difference 运算,会得到反相效果(下层颜色被减去,得到补值);而用黑色进行 Difference 运算时,则不发生任何变化(黑色亮度最低,下层颜色减去最小颜色值 0,结果和原来一样)。

Difference 模式使用层上的中间调或中间调的着色是最好不过的。这种模式创建背景颜色的相反色彩。例如,在 Difference 模式下,当把蓝色应用到绿色背景中时,将产生一种青绿组合色。此模式适用于模拟原始设计的底片,而且尤其可用来在背景颜色从一个区域到另一个区域发生变化的图像中生成突出效果。

排除模式(Exclusion 模式):与 Difference 模式作用类似,用较高阶或较低阶颜色去合成图像时与 Difference 模式毫无区别,使用趋近中间阶颜色时,则效果有区别。总的来说,Exclusion 模式的效果比 Difference 模式的要柔和。排除模式产生的对比度会较低。在排除模式下与纯白混合得到反相效果,而与纯黑混合则没有任何变化。

Exclusion 模式产生一种比 Difference 模式更柔和、更明亮的效果。无论是 Difference 模式还是 Exclusion 模式,都能使人物或自然景色图像产生更真实或更吸引人的图像合成。

色相模式(色调模式,Hue 模式):使用时,用当前图层的色相值替换下层图层的色相值,而饱和度与亮度不变。决定生成颜色的参数包括底层颜色的明度与饱和度、上层颜色的色调。

在 Hue 模式下,当前图层的色相值或着色的颜色将代替底层背景图像的色彩。

饱和度模式(Saturation 模式):使用时,用当前图层的饱和度去替换下层图像的饱和度,而色相值与亮度不变。决定生成颜色的参数包括底层颜色的明度与色调、上层颜色的饱和度。与饱和度为 0 的颜色(灰色)混合,不产生任何变化。

Saturation 模式使用层上颜色(或着色工具使用的颜色)的强度(颜色纯度),且根据颜色强度强调背景图像上的颜色。例如,在把纯蓝色应用到一个灰暗的背景图像中时,显示出了背景图像中的原始纯色,但蓝色并未加入合成图像中。如果选择一种中性颜色(一种并不显示主流色度的颜色),背景图像不发生任何变化。Saturation 模式可用来显示出图像中颜色已经变得灰暗的底层颜色。

颜色模式(着色模式,Color 模式):兼有 Hue 模式和 Saturation 模式的作用,用当前图层的色相值与饱和度替换下层图像的色相值和饱和度,而亮度保持不变。决定生成颜色的参数包括底层颜色的明度、上层颜色的色调与饱和度。这种模式能保留原来图像的灰度细节,而且能用来对黑白或者是不饱和的图像上色。

亮度模式(明度模式,Luminosity 模式):合成两图层时,用当前图层的亮度值去替换下层图像的亮度值,而色相值与饱和度不变。决定生成颜色的参数包括底层颜色的色调与饱和度、上层颜色的明度。该模式产生的效果与 Color 模式的刚好相反,它根据上层颜色的明度分布来与下层颜色混合。

图层的合并:图层的基本操作之一,选中多个图层后单击右键,在弹出的菜单里选择"合并图层"即可,如图 3-44 所示。

图 3-44 图层的合并

图层的合并有快捷键:

向下合并或合并链接图层:Ctrl+E。

合并可见图层:Ctrl+Shift+E。

图层的移动:很常用的操作手段,将图层选中后用左键进行拖动,就可以将图层拖动到相应的位置。

图层移动的快捷键为:

将当前层下移一层:Ctrl+[。

将当前层上移一层:Ctrl+]。

将当前层移到最下面:Ctrl+Shift+[。

将当前层移到最上面:Ctrl+Shift+]。

3.1.12 图层样式 ▼

图层样式是 Photoshop 中一个用于制作各种效果的强大功能,利用图层样式可以简单、快捷地制作出各种立体投影、各种质感以及光景效果的图像特效。与不用图层样式的传统操作方法相比,图层样式具有速度更快、效果更精确、可编辑性更强等无法比拟的优势。

图层样式被广泛地应用于各种效果制作当中,主要体现在以下几个方面:

(1)通过不同的图层样式选项设置,可以很容易地模拟出各种效果,而这些效果利用传统的制作方法会比较难以实现,或者根本不能制作出来。

（2）图层样式可以被应用于各种普通的、矢量的和具有特殊属性的图层上,几乎不受图层类别的限制。

（3）图层样式具有极强的可编辑性,当图层应用了图层样式后,图层会随文件一起保存,可以随时进行参数选项的修改。

（4）图层样式的选项非常丰富,通过不同选项及参数的搭配,可以创作出多种多样的图像效果。

（5）图层样式可以在图层间进行复制、移动,也可以存储成独立的文件,从而将工作效率最大化。

当然,图层样式的操作同样需要读者在应用过程中注意观察,积累经验,这样才能准确、迅速地判断出所要进行的具体操作和选项设置。

"图层样式"对话框如图 3-45 所示。

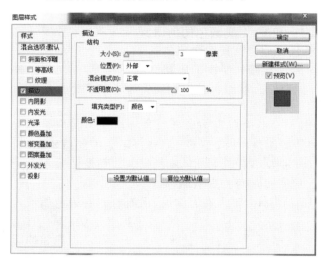

图 3-45　"图层样式"对话框 2

Photoshop CS6 里有 10 种不同的图层样式:

投影:为图层上的对象、文本或形状的后面添加阴影效果。投影参数由"混合模式"、"不透明度"、"角度"、"距离"、"扩展"和"大小"等选项组成,通过对这些选项的设置,可以得到需要的效果。

内阴影:在图层上的对象、文本或形状的内边缘添加阴影,让图层产生一种凹陷外观。内阴影对文本对象的效果更佳。

外发光:从图层上的对象、文本或形状的边缘向外添加发光效果,从而让对象、文本或形状更精美。

内发光:从图层上的对象、文本或形状的边缘向内添加发光效果。

斜面和浮雕:为图层添加高亮显示和阴影的各种组合效果。

光泽:对图层对象内部应用阴影,与对象的形状互相作用,通常创建规则的波浪形状,产生光滑的磨光及金属效果。

颜色叠加:在图层对象上叠加一种颜色,即将一层纯色填充到应用样式的对象上。单击"设置叠加颜色"选项,通过"选取叠加颜色"对话框选择任意颜色。

渐变叠加:在图层对象上叠加一种渐变颜色,即将一层渐变颜色填充到应用样式的对象上。通过"渐变编辑器"对话框还可以选择使用其他的渐变颜色。

图案叠加:在图层对象上叠加图案,即用一致的重复图案填充对象。通过"图案拾色器"对话框还可以选择其他的图案。

描边:使用颜色、渐变颜色或图案描绘当前图层上的对象、文本或形状的轮廓,对于边缘清晰的形状（如文本）,这种方法尤其有用。

图层样式参数:

混合模式:不同混合模式选项。

色彩样本:有助于修改阴影、发光和斜面等的颜色。

不透明度:减小其值,将产生透明效果（0＝透明,100＝不透明）。

角度:控制光源的方向。

使用全局光:可以修改对象的阴影、发光和斜面角度。

距离:确定对象和效果之间的距离。

扩展/内缩:扩展主要用于投影和外发光,从对象的边缘向外扩展效果;内缩常用于内阴影和内发光,从对象的边缘向内收缩效果。

大小:确定效果影响的程度,以及从对象的边缘收缩的程度。

消除锯齿:柔化图层对象的边缘。

深度:应用浮雕或斜面的边缘深浅度。

>>> 任务 2 项目实施

3.2.1 创建海报背景 ▼

（1）新建文件，其宽度为 700 像素，高度为 1000 像素，分辨率为 72 像素/英寸，颜色模式为 RGB 16 位色，背景为白色，如图 3-46 所示。

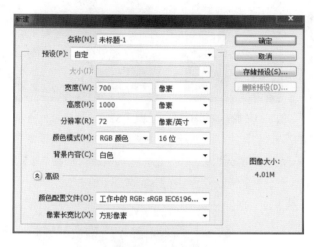

图 3-46 新建文件

（2）在图层面板中新建图层。在工具箱中选择渐变工具 ，在其属性栏中设置渐变类型为径向渐变，如图 3-47 所示。单击渐变工具属性栏中的渐变颜色图标，弹出"渐变编辑器"对话框，设置颜色为从左到右（R：233，G：233，B：233），（R：175，G：167，B：168），（R：14，G：14，B：14），如图 3-48 所示。填充"径向渐变"，渐变填充效果如图 3-49 所示。将文件另存到桌面并取名为"海报"。

图 3-47 设置渐变类型

图 3-48 设置渐变颜色　　　　　**图 3-49 渐变填充效果**

3.2.2 制作海报主体画面 ▼

（1）打开项目 3 素材中的"龙 1"图片，将"龙 1"图片旋转 90°再拖入海报中；设置图层混合模式为"正片叠底"，不透明度为"31％"，如图 3-50 所示。调整后效果如图 3-51 所示。

（2）打开项目 3 素材中的"龙 2"图片，将"龙 2"图片拖入海报左侧，并将"龙 2"图片水平翻转 180°，设置图层混合模式为"正片叠底"，不透明度为"63％"，如图 3-52 所示。调整后效果如图 3-53 所示。

  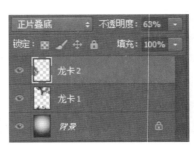 

图 3-50 设置图层混合模式 1　　图 3-51 调整后效果 1　　图 3-52 设置图层混合模式 2　　图 3-53 调整后效果 2

（3）打开项目 3 素材中的"龙 3"图片，将"龙 3"图片拖入海报右侧，设置图层混合模式为"正片叠底"，不透明度为"49％"，如图 3-54 所示。再为"龙卡 3"图层添加蒙版，如图 3-55 所示；单击 ◯，将前景色改为黑色，设置画笔大小为 45 像素，硬度为 0％，如图 3-56 所示；用画笔在"龙卡 3"图层的蒙版上进行绘制。调整后效果如图 3-57 所示。

图 3-54 设置图层混合模式 3

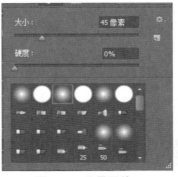 

图 3-55 为"龙卡 3"图层添加蒙版　　图 3-56 设置画笔 1　　图 3-57 调整后效果 3

（4）打开项目 3 素材中的"长城"图片，将"长城"图片拖入海报底部，设置图层混合模式为"正片叠底"，不透明度为"100％"，如图 3-58 所示；再为"长城"图层添加蒙版，如图 3-59 所示；单击 ◯，将前景色改为黑色，设置画笔大小为 45 像素，硬度为 0％；用画笔在"长城"图层的蒙版上进行绘制。调整后效果如图 3-60 所示。

图 3-58 设置图层混合模式 4

图 3-59 为"长城"图层添加蒙版　　图 3-60 调整后效果 4

（5）打开项目 3 素材中的"天坛"图片，将"天坛"图片拖入海报中部偏下处；设置图层混合模式为"正片叠底"，不透明度为"100％"，如图 3-61 所示。调整后效果如图 3-62 所示。

为"天坛"图层添加图层样式。在"图层样式"对话框里选择"投影"选项，不透明度修改为"99％"，角度设置为 90 度并勾选"使用全局光"，距离设置为 35 像素，扩展设置为 14％，大小改为 43 像素，如图 3-63 所示，调整后效果如图 3-64 所示。

  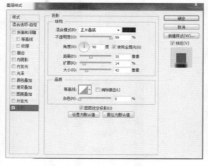 

图 3-61　设置图层混合模式 5　　图 3-62　调整后效果 5　　图 3-63　添加图层样式　　图 3-64　调整后效果 6

3.2.3　制作海报文字及特效　▼

（1）在工具箱中选择直排文字工具，在其属性栏中单击文字颜色色块，设置文字颜色为黑色（R:0，G:0，B:0），编辑"上下"；再次在工具箱中选择直排文字工具，在其属性栏中单击文字颜色色块，设置文字颜色为暗红色（R:139，G:3，B:0），编辑"五千年"，如图 3-65 所示。将两文字层排列，效果如图 3-66 所示。

（2）将"上下"和"五千年"两个文字层选中，单击右键，在弹出的菜单里选择"栅格化文字"，使其转化为普通图层，如图 3-67 所示。栅格化后图层变为普通图层，如图 3-68 所示。

图 3-65　输入文字

图 3-67　栅格化文字

图 3-66　输入文字后效果

图 3-68　栅格化文字后

（3）来到"上下"图层，用魔棒工具选中文字"上下"，如图 3-69 所示；单击右键，将选区转化为路径，如图 3-70所示。转化时容差值设置为 0.5，如图 3-71 所示。

图 3-69　选中文字"上下"　　**图 3-70　将选区转化为路径**　　　**图 3-71　设置容差值**

（4）来到工具栏，选择路径选择工具 ，选择文字"上下"的路径；设置画笔，如图 3-72 所示；选择画笔颜色，如图 3-73 所示；右键单击文字"上下"路径，在弹出的菜单中选择"描边路径"，如图 3-74所示；在"描边路径"对话框中选择工具为"铅笔"，并且勾选"模拟压力"，如图 3-75 所示。描边完成后效果如图 3-76 所示。

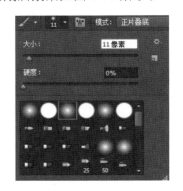

图 3-72　设置画笔 2

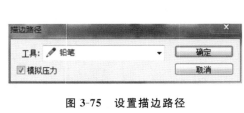

图 3-75　设置描边路径

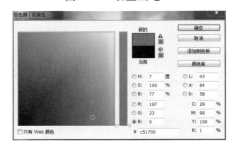

图 3-73　选择画笔颜色　　　　**图 3-74　选择"描边路径"1**

3-76　描边完成后效果 1

（5）接下来对"五千年"三个字进行描边，其方法和"上下"的描边方法一致。来到"五千年"图层，用魔棒工具选中文字"五千年"，如图 3-77 所示；单击右键，将选区转化为路径，如图 3-78 所示，转化时容差值设为

0.5。然后来到工具栏,选择路径选择工具 ,选择文字"五千年"的路径,如图 3-79 所示;设置画笔,如图 3-80 所示,画笔颜色与文字"上下"的一致。右键单击文字"五千年"路径,在弹出的菜单中选择"描边路径",如图 3-81 所示;在"描边路径"对话框中选择工具为"铅笔",并且勾选"模拟压力"。描边完成后效果如图 3-82 所示。

图 3-77 用魔棒工具选中文字"五千年" 图 3-78 选择"描边路径"2 图 3-79 选择文字"五千年"的路径

图 3-80 设置画笔 3 图 3-81 选择"描边路径"3 图 3-82 描边完成后效果 2

(6) 对"上下"图层添加图层样式。单击图层面板上的图层样式按钮 **fx.**,在弹出的"图层样式"对话框中选择"外发光",混合模式选择"滤色",不透明度设为 75%,杂色设为 0%,颜色选择为(R:255,G:249,B:146),方法选择"柔和",扩展设为 0%,大小设为 27 像素,范围设置为 50%,如图 3-83 所示。"上下"图层添加图层样式后的效果如图 3-84 所示。

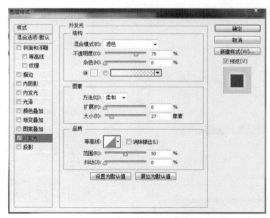

图 3-83 设置图层样式 1 图 3-84 "上下"图层添加图层样式后的效果

（7）对"五千年"图层添加图层样式。单击图层面板上的图层样式按钮 ，在弹出的"图层样式"对话框中选择"外发光"，混合模式选择"滤色"，不透明度设为75%，杂色设为0%，颜色选择为（R：255，G：255，B：68），方法选择"柔和"，扩展设为6%，大小设为43像素，范围设置为50%，如图3-85所示。"五千年"图层添加图层样式后的效果如图3-86所示。

（8）用文字工具创建三个文字层，分别对海报的宣传内容、时间和地点进行说明。首先用隶书以字体大小为30、消除锯齿的方式写下"历史文化讲座"，再用隶书以字体大小为24、消除锯齿的方式写下日期"10.10"，最后用隶书以字体大小为30、消除锯齿的方式写下地点"校礼堂"。三个内容各为一层，方便调节。添加文字后效果如图3-87所示。

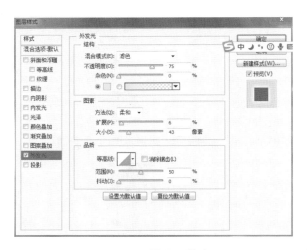

图 3-85　设置图层样式 2

图 3-86　"五千年"图层添加
图层样式后的效果

图 3-87　添加文字后效果

（9）来到背景层，在背景层上新建一个调整层。单击 ，选择渐变工具，勾选"反向"，如图3-88所示。渐变映射的渐变色如图3-89所示，左为（R：236，G：208，B：17），右为（R：181，G：21，B：0）。海报最终效果如图3-90所示。

图 3-88　勾选"反向"

图 3-89　渐变映射的渐变色

图 3-90　海报最终效果

项目小结

　　绘图工具、填充工具、文字工具以及图层是本项目的主要内容,也是 Photoshop CS6 里十分重要的部分,灵活地掌握和运用这些工具是使用 Photoshop CS6 的关键。特别是图层,作为 Photoshop CS6 的核心部分,有着非常强大的功能和无可比拟的优势。学会综合使用这些工具,可以有助于用户更加快速地创造更多优秀的作品。

练习题

1. 怎样利用同一画笔创造不同的画笔效果?
2. 如何填充图案?
3. 什么是图层?
4. 图层有哪些类型?
5. 图层混合模式有什么规律?
6. 简述海报设计的要点。
7. 请用 Photoshop CS6 设计图 3-91 所示的酒类海报。

图 3-91　酒类海报

设计制作精美图标

SHEJI ZHIZUO
JINGMEI TUBIAO

任务描述

　　路径是 Photoshop 中的重要工具，主要用于进行图像选区、绘制光滑线条、定义画笔等工具的绘制轨迹、输入输出路径和选区之间互相转换等。路径是由贝塞尔曲线所构成的一段闭合或者开放的曲线段。如果把起点与终点重合，就可以得到封闭的路径。路径主要使用钢笔工具组绘制，使用路径选择工具进行调整。掌握好钢笔工具的运用，才能随心所欲地绘制所需要的矢量图形。本项目主要运用钢笔工具绘制龙卫士杀毒软件的盾牌图标，并对路径进行调整，以便达到满意的效果，运用形状工具设计整体界面，最后配合使用渐变色设置对路径进行填充，制作出具有水晶质感的龙卫士杀毒软件图标以及整体界面，最终效果如图 4-1 所示。

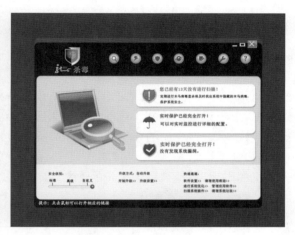

图 4-1　龙卫士杀毒软件图标及界面

学习目标

- 了解路径的相关知识；
- 掌握钢笔工具和路径选择工具的使用；
- 掌握路径和选区的转换方法；
- 了解路径面板；
- 掌握路径的绘制、复制和删除等基本操作；
- 掌握填充路径和描边路径的方法。

》》》任务 1　相关知识

　　Photoshop CS6 中提供了一组用于生成、编辑、设置路径的工具组，它位于 Photoshop CS6 软件中的工具箱浮动面板中。默认情况下，其图标呈现为钢笔图标 ，单击此图标并保持两秒钟，系统将会弹出隐藏的工具组，包括钢笔工具、自由钢笔工具、添加锚点工具、删除锚点工具和转换点工具，如图 4-2 所示。钢笔工具是最常用的路径节点定义工具，一般手工定义节点时均使用此工具。

图 4-2　钢笔工具组

　　路径选择工具组包括路径选择工具和直接选择工具，如图 4-3 所示。路径选择工具是一个黑箭头，可以选择一条路径或者多条路径；直接选择工具是一个白箭头，可以选择路径上的任何节点，单击某个节点可以选中该节点，按住 Shift 快捷键连续点选可以选择多个节点。

图 4-3　路径选择工具组

　　在 Photoshop CS6 中提供了一个专门的路径控制面板，单击窗口菜单，选择"路径"，即可打开路径面

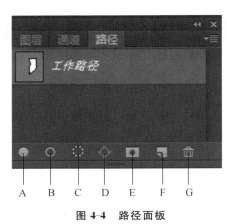

图 4-4　路径面板

板,如图 4-4 所示。路径面板主要由系统按钮区、路径控制面板标签区、路径列表区、路径工具图标区和路径控制菜单区构成。

路径面板图标区中,从左到右依次为:

A:用前景色填充路径(缩略图中的白色部分为路径的填充区域)。

B:用画笔描边路径。

C:将路径作为选区载入。

D:从选区生成工作路径。

E:添加图层蒙版。

F:创建新路径。

G:删除当前路径。

在 Photoshop CS6 软件中主要使用路径工具制作图标。我们通过图标看到的不仅仅是图标本身,而是它所代表的内在含义。

图标是具有指代意义和标识性质的图形,它不仅是一种图形,更是一种标识,具有高度浓缩性并能够快捷地传达信息、便于记忆的特性。它不仅历史久远,而且应用范围极为广泛,可以说它无处不在。一个国家的图标就是国旗,一件商品的图标就是注册商标,学校的图标就是校徽;同时图标也在各种公共设施中被广泛使用,如公厕标识、交通指示牌等。

随着计算机的出现,图标被赋予了新的含义,有了新的用武之地。在这里图标成了具有明确指代含义的计算机图形。桌面图标是软件标识,界面中的图标是功能标识。在计算机软件中,图标是程序标识、数据标识以及状态指示等。图标在计算机可视化操作系统中扮演着极为重要的角色,一个图标代表一个文件、程序、网页或命令。图标有助于用户快速执行命令和打开程序文件,单击或双击图标就可以执行一个命令。图标也用于在浏览器中快速展现内容。

图 4-5　MSN 水晶图标

一个图标是一个小的图片或对象,有一套标准的大小和属性格式,且通常是小尺寸的。每个图标都含有多张相同显示内容的图片,每一张图片具有不同的尺寸和发色数。一个图标就是一套相似的图片,每一张图片有不同的格式。一组比较时尚的 MSN 水晶图标如图 4-5 所示。

4.1.1　认识路径 ▼

1.路径

路径由一条或多条直线段或曲线段组成,路径线段的起始点和结束点由锚点标记。路径在屏幕上表现为一些不可打印、不活动的矢量形状,可以使用前景色描边或者填充路径,从而在图层上创建一个永久的效果。路径通常还被用作选择的基础,可以进行精确定位和调整,适用于不规则的、难于使用其他工具进行选择的区域。

2.锚点

路径上的节点称为锚点,从路径形态上将锚点分为角点和平滑点。在角点上,路径会突然改变方向,连接的路径段为直线;在平滑点上,路径段连接为连续曲线。角点和平滑点的类型是可以随时更改的,用角点和平滑点的任意组合可以随心所欲地绘制路径。

角点没有方向线,或者说角点的方向线与路径走向是一致的;平滑点会有控制点,控制其连接曲线的

平滑度以及弯曲度,改变方向线的角度和长度会影响曲线的弯曲度。这两条方向线一条控制着来向的曲线形态,另一条控制着去向的曲线形态。方向线可以调节曲线的弧度。角点和平滑点如图4-6所示。绘制曲线时锚点数量越少越好。如果锚点数量增加,不仅会增加绘制的步骤,同时也不利于后期对路径的修改。

图4-6 角点和平滑点

4.1.2 创建路径 ▼

路径可以采用以下几种方法创建。

1. 使用钢笔工具创建路径

钢笔工具是最基本的创建路径的工具,可以用它来绘制直线或曲线的路径。钢笔工具的快捷键是"P",任何时候按P键都可以切换到钢笔工具。在使用钢笔工具绘制路径之前,首先要了解钢笔工具属性栏上的按钮,如图4-7所示。使用形状或钢笔工具时,有三种不同的模式。在选定形状或钢笔工具后,可通过选择属性栏中的图标来选取一种模式。

图4-7 钢笔工具的属性栏

使用钢笔工具在画面中单击,会看到在单击的点之间有直线相连,连接线的锚点是角点;如果单击的时候稍微拖动一下鼠标,就可以创建平滑点,连接的线是曲线。按住 Shift 键单击,可以让所绘制的点与上一个点保持45°整数倍夹角(比如0°、90°),这样可以绘制出水平或者垂直的线段。

如果要结束路径的绘制,可以在路径面板中的路径名称之外单击,也可以在画布空白处按住 Ctrl 键单击鼠标即可。如果使用钢笔工具绘制路径时出现了错误,按一次 Delete 键可以删除最后绘制的一段路径,按两次可以清除整个工作路径。

➡ 小技巧

绘制曲线时要把锚点定位于曲线开始改变方向的位置,而不是曲线的中间,如图4-8所示。创建曲线路径时,从第一个锚点开始拖曳方向线,拖曳方向线至曲线的1/3处即可创建平滑路径,如图4-9所示。

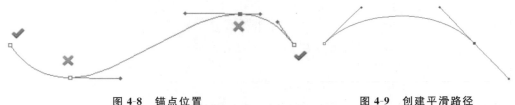

图4-8 锚点位置　　　　　　　　　　图4-9 创建平滑路径

(1) 形状图层 ▢:可以使用形状工具或钢笔工具来创建形状图层。形状图层的属性栏如图4-10所示。按下"形状图层"按钮绘制形状时,不仅可以在路径面板中新建一个路径,而且还可在图层面板中创建一个形状图层。路径内的颜色默认用前景色填充,也可以双击该图层缩略图来改变颜色。图层面板和路径面板如图4-11所示。因为可以方便地移动、对齐、分布形状图层以及调整其大小,所以形状图层非常适合为 Web 页创建图形。

图4-10 形状图层的属性栏

(2) 路径 **路径** :按下"路径"按钮绘制路径时,只生成路径,不生成新图层。通常在绘制路径和抠图时都选择此项,可用它来创建选区、矢量蒙版,或者使用颜色填充和描边,以创建栅格图形(与使用绘画工具非常类似)。现在我们随手绘制一条路径,就可以在路径面板中看到产生了一条工作路径,如图 4-12 所示。

(a)图层面板　　　　　　　　　(b)路径面板

图 4-11　图层面板和路径面板　　　　　　　**图 4-12　工作路径**

我们看到目前的路径名称为"工作路径",且为斜体字,这样的路径属于临时路径。如果在路径面板中取消该路径的选择,并重新绘制,那么这条路径就被新路径所取代。

如果要将路径保存起来,可以双击工作路径缩略图,弹出"存储路径"对话框,如图 4-13 所示,可以在该对话框中为路径重新命名并存储路径。另外一个方法是用鼠标将工作路径缩略图拖动到路径面板下方的"新建路径"按钮上,也可以为路径重新命名并将路径存储起来。

图 4-13　"存储路径"对话框

(3)填充像素 像素 :按下"填充像素"按钮,可以绘制填充有前景色的图形,但不生成新图层,也不会产生新路径。该操作相当于在图层中创建一个选区,然后填充前景色,最后取消选区这三步操作。在填充像素时不能使用钢笔工具,只有在使用形状工具时填充像素才生效。填充像素的属性栏如图 4-14 所示。

图 4-14　填充像素的属性栏

2. 使用自由钢笔工具创建路径

自由钢笔工具是一种徒手绘制路径的工具,使用方法与套索工具的类似,其属性栏如图 4-15 所示。在绘图时将自动添加锚点,无须确定锚点的位置,完成路径后可进一步对其进行调整。自由钢笔工具结合磁性工具使用时,就会根据图像像素的容差自动寻找物体边缘,类似于磁性套索。利用自由钢笔工具,勾选"磁性的"选项,选择画面中的荷花,如图 4-16 所示。

图 4-15　自由钢笔工具的属性栏

图 4-16　利用自由钢笔工具选择荷花

3. 使用形状工具创建路径

形状工具可以方便地绘制出预设的路径,其中加入了几何图形。形状工具组包括 6 个矢量绘图工具,分别是矩形工具、圆角矩形工具、椭圆工具、多边形工具、直线工具和自定形状工具,如图 4-17 所示。

每个形状工具都可以在属性栏中进行参数设置,含义大同小异,其中圆角矩形工具的设置如图 4-18 所示。

不受约束:长宽比例不受任何限制。

方形:绘制长宽相等的圆角矩形。

固定大小:绘制出的圆角矩形的尺寸大小是固定的。

比例:限定绘制对象的长宽比例。

从中心:鼠标的起始点为所画对象的中心点。

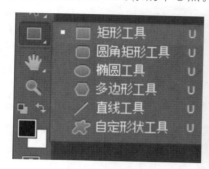

图 4-17　形状工具组　　　　　图 4-18　圆角矩形选项

4.1.3　调整路径 ▼

(1) 路径选择工具 **路径选择工具**:用来选择一条或几条路径,选择的是路径的整体,按 Shift 键可以加选路径。使用路径选择工具,选择要对齐的路径,然后从属性栏中选择对齐或分布路径。

(2) 直接选择工具 **直接选择工具**:用来移动路径中的节点和线段,按 Shift 键可以加选节点,也可以调整锚点和方向线。在使用钢笔工具时,按 Ctrl 键可以直接切换到直接选择工具。

(3) 添加锚点工具 **添加锚点工具**:将指针放在要添加锚点的路径上(指针旁会出现加号),在路径上单击即可添加锚点。无论是在直线上还是曲线上增加锚点,默认情况下所增加的锚点都是平滑点;如果需要添加角点,则要使用转换点工具单击增加出来的锚点。

(4) 删除锚点工具 **删除锚点工具**:将指针放在要删除的锚点上(指针旁会出现减号),直接单击锚点即可删除该锚点,路径的形状会重新调整,以适应其余的锚点。

如果已在钢笔工具或自由钢笔工具的属性栏中勾选了"自动添加/删除",则在点按直线段时将会添加锚点,而在点按现有锚点时会将该锚点删除。

(5) 转换点工具 **转换点工具**:单击锚点,可以在角点和平滑点之间互相转化。在使用钢笔工具时,按 Alt 键可以切换到转换点工具。

➡ 小技巧

在使用钢笔工具或直接选择工具时,按住 Alt 键拖动某一方向线控制点,就可以改变方向线的方向;按住 Alt 键单击锚点,则可以在角点和平滑点之间互相转换。

4.1.4　复制和删除路径 ▼

1. 复制路径

如何通过路径面板来复制路径呢?前提条件是该路径不能是工作路径。如果该路径是工作路径,先要将工作路径转化为一般路径。在路径面板中选择需要复制的路径,然后单击路径面板右上角的三角形按钮,选择"复制路径"命令,如图 4-19 所示;或者按住鼠标直接将选择的路径拖到路径面板底端的"创建新路径"按钮上。

另外,也可以用路径选择工具或直接选择工具进行路径复制。选中需要复制的路径,按住 Alt 键,拖动路径到目标位置,即可完成路径复制操作,如图 4-20 所示。也可以选择多条路径后一起复制。

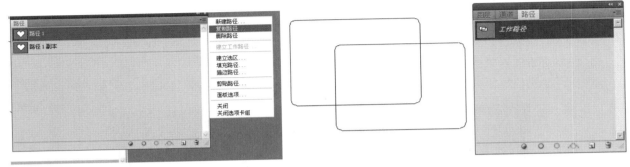

图 4-19　复制路径 1　　　　　　　　　　图 4-20　复制路径 2

➡小技巧

在使用路径工具绘制好路径后,按住 Ctrl＋Alt 键并拖动路径,也可以快速地复制路径。

2.删除路径

对于已经完成绘制的路径,有时候可能需要删除。首先选中需要删除的路径,然后单击路径面板下面的"删除路径"按钮 🗑,或者单击路径面板右上角的三角形按钮,选择"删除路径"命令,如图 4-21 所示。这两种方法都可以完成删除路径的操作。

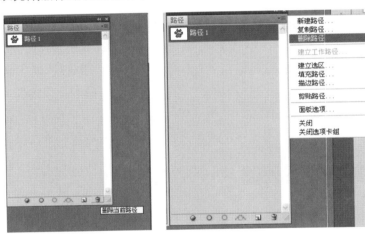

图 4-21　删除路径

另外,可以在路径面板中直接删除路径。使用路径选择工具选择一条或多条路径后,按下 Delete 键或 Back Space 键予以删除。

➡小技巧

选择需要删除的路径,按住 Alt 键,在路径面板下方的垃圾桶图标上单击鼠标,可以直接删除路径,不会弹出"删除"对话框。

4.1.5　填充路径和描边路径　▼

如同可以对选区进行填充和描边一样,对路径同样可以进行填充和描边。

1.填充路径

可以用指定的颜色、图像或者图案填充路径。选择需要填充的路径,右击,在弹出的快捷菜单中选择

"填充路径"命令；或者单击路径面板右上角的三角形按钮，在弹出的快捷菜单中选择"填充路径"命令；或者单击路径面板下方的"用前景色填充"按钮 ，即可打开"填充路径"对话框，如图 4-22 所示。

在"内容"一栏中，可以在"使用"后面的弹出式菜单中选择不同的填充内容，如图 4-23 所示。

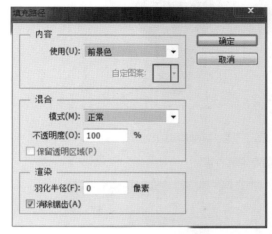

图 4-22　"填充路径"对话框

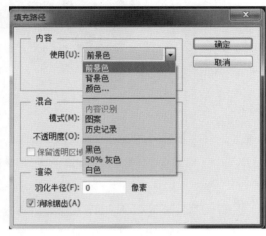

图 4-23　选择填充内容

在"混合"一栏中，在"模式"后面选择所需的填充色和底色的作用方式，在"不透明度"后面的数据框中输入相应的数值来控制填充的不透明度，"保留透明区域"选项只有在用到图层时才可选择。在"渲染"栏中，"羽化半径"定义羽化边缘在路径内外的伸展距离，数据框中输入的数值越大，边缘晕开的效果越明显。图 4-24 中的左图是羽化半径值为 0 的效果，右图是羽化半径值为 5 的效果。选中"消除锯齿"选项，可以使填充边缘更光滑。图 4-25 中的左图是消除锯齿填充后的效果，右图是没有勾选"消除锯齿"的对比效果。

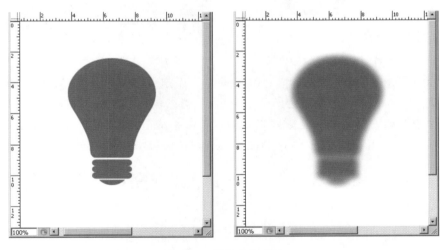

图 4-24　羽化效果对比

➡小技巧

对于一些有重叠的路径，在执行"填充路径"命令后，可以得到镂空的效果，如图 4-26 所示。

2. 描边路径

描边路径和描边选区类似，沿路径的边缘进行描边。在路径面板中选择要进行描边的路径，然后选择用来描边的绘画或编辑工具，在属性栏中设置工具选项。在路径面板右上角的弹出式菜单中选择"描边路径"命令，或者单击路径面板中的"画笔描边路径"图标 ，都会弹出"描边路径"对话框，如图 4-27所示。

图 4-25　消除锯齿效果对比

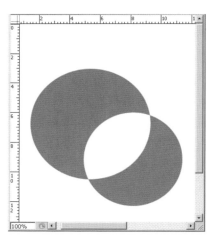

图 4-26　重叠路径镂空效果　　　　　　图 4-27　"描边路径"对话框

　　在使用"描边路径"命令前,需要先对描边的工具进行设定。在"描边路径"对话框中选择"画笔"选项,然后单击"确定"按钮,沿路径边缘就会出现一个边,此边的颜色和工具箱中的前景色相同,粗细及软硬程度由画笔面板中所选的画笔来决定。如果要加一个柔柔的边,就选择较软的画笔。图 4-28 中的左图是原始路径,中间图是画笔硬度为 0％、大小为 5 像素的效果,右图是画笔硬度为 100％、大小为 5 像素的效果。

　　在画笔面板中选择"动态形状"选项,并在"描边路径"对话框中勾选"模拟压力"选项,可得到图 4-29 所示的效果。可以尝试在画笔面板中设定不同的选项,结合"描边路径"命令实现不同的艺术效果。

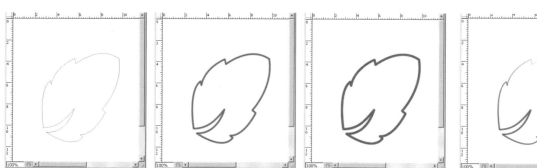

图 4-28　描边画笔柔度对比　　　　　　　　　　图 4-29　描边压力效果

➡小技巧

如果描边路径后出现锯齿现象,可能和文档画面分辨率设置过低有关。过低的分辨率会使像素点显现,从而产生锯齿效果。还有可能是描边时使用的画笔设置有问题,看看是否使用了"铅笔"或者硬度值较高的画笔笔刷。

也可以先将路径转换为选区,然后对选区进行描边处理,同样可以得到原路径线条,并且避免了锯齿现象。

4.1.6 路径与选区的转化 ▼

绘制好路径后,可将路径转换成浮动的选择线,路径包含的区域就变成了可编辑的图像区域。路径与选区转换,可以更精确地处理选区。

1. 将一条路径转换为选区的方法

(1) 单击路径面板右上角的三角形按钮,在菜单中选择"建立选区"命令,出现"建立选区"对话框,如图 4-30 所示。在对话框中设置羽化半径,勾选"消除锯齿",单击"确定"按钮即可。如果当前图像已有选择区域,可在"操作"一栏中选择转化后的选区和现有选区的相加、相减和相交等运算。

(2) 选择路径,右击,在出现的下拉式菜单中选择"建立选区"命令,或者单击路径面板下方的"将路径作为选区载入"按钮,即可将路径转换成选区。

(3) 路径转换为选区的快捷键是 Ctrl+Enter。

➡小技巧

如果使用钢笔工具绘制了一条路径,而当前鼠标的状态又是钢笔的话,只要按下小键盘上的回车键(请注意:不是主键盘的回车键),路径就作为选区载入了。

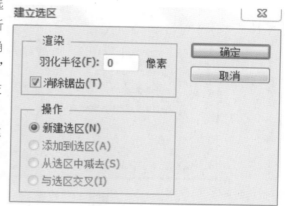

图 4-30 "建立选区"对话框

2. 将选区转换成路径的方法

(1) 建立一个选区,单击路径面板下方的"从选区生成工作路径"按钮,或者单击路径面板右上角的三角形按钮,在菜单中选择"建立工作路径"命令,弹出"新建路径"对话框,如图 4-31 所示。

(2) 当前工具为选框工具、套索工具或者魔棒工具时,右击,在出现的下拉式菜单中选择"建立工作路径"命令,如图 4-32 所示,也会弹出"新建路径"对话框。

图 4-31 "新建路径"对话框

图 4-32 建立工作路径

》》》 任务 2 项目实施

4.2.1 创建图标 ▽

（1）新建文件，命名为"图标"，图像尺寸为 16 厘米×18 厘米，分辨率为 150 像素/英寸，背景色为白色，如图 4-33 所示。

（2）新建图层，选择钢笔工具 ，绘制图 4-34 所示的路径作为图标的右侧部分。

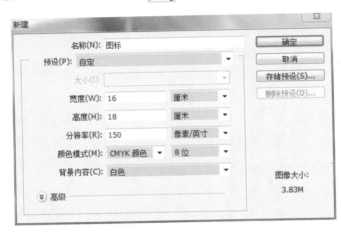

图 4-33　新建文件 1　　　　　　　　　图 4-34　绘制路径 1

（3）按快捷键 Ctrl＋Enter，从当前路径生成选区。在工具箱中选择渐变工具 ，在其属性栏中设置渐变类型为线性渐变，如图 4-35 所示。单击渐变工具属性栏中的渐变颜色图标，将弹出"渐变编辑器"对话框，设置颜色为（R:185,G:184,B:179），（R:255,G:255,B:255），如图 4-36 所示。自右上角向左下角拖动鼠标，为选区填充线性渐变，填充效果如图 4-37 所示，按快捷键 Ctrl＋D 取消选区。

图 4-35　设置渐变类型 1

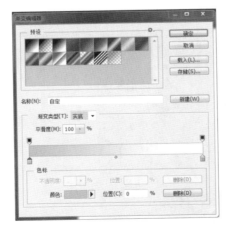

图 4-36　设置渐变颜色 1　　　　　　　图 4-37　路径填充效果 1

（4）新建图层,选择钢笔工具 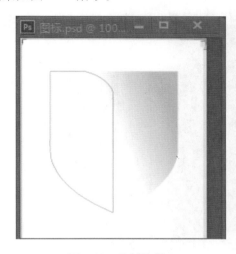 ,绘制图 4-38 所示的路径作为图标的左侧部分。

（5）按快捷键 Ctrl＋Enter,从当前路径生成选区。为选区填充黑色,按快捷键 Ctrl＋D 取消选区,路径填充效果如图 4-39 所示。

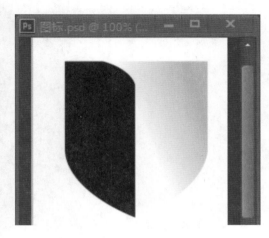

图 4-38　绘制路径 2　　　　　　　　　　　　图 4-39　路径填充效果 2

（6）选中背景图层,设置前景色为(R:3,G:58,B:115),填充背景图层,调整左侧图形位置,如图 4-40 所示。

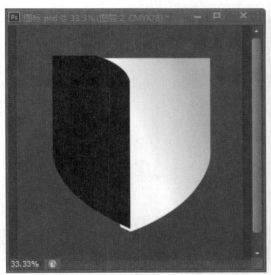
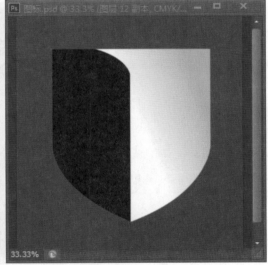

图 4-40　调整左侧图形位置前后对比

（7）单击图层面板中背景图层前面的眼睛图标,隐藏背景图层,然后按快捷键 Ctrl＋Shift＋Alt＋E 盖印图层,效果如图 4-41 所示。

➡小技巧

盖印是把所有图层拼合后的效果变成当前图层效果,但是依然保留了下面的图层,没有真正地拼合图层。盖印的功能和合并图层的功能类似,但是盖印能重新生成一个新的图层,而一点都不会影响之前所处理的图层。这样做的好处是如果操作者觉得之前处理的效果不太满意,可以删除盖印图层,之前做效果的图层依然还在。

Photoshop CS6 之前的版本需要新建图层,而用最新的 Photoshop CS6 盖印图层时,已经不需要新建图层了,它会自动将所有可视图层盖印成一个新的图层。

(8) 将左右两侧图形生成一条路径。按 Ctrl 键,单击图层 3 缩略图,载入颜色选区,然后在路径面板上单击"从选区生成工作路径"按钮,如图 4-42 所示。

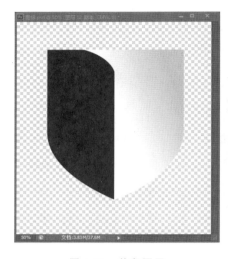

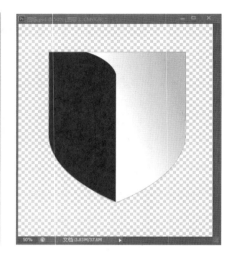

图 4-41　盖印图层　　　　　　　　　　　图 4-42　左右两侧图形生成路径

(9) 选择工作路径,图层上显示路径后,按快捷键 Ctrl+T 对路径以中心点等比缩放,如图 4-43 所示。

(10) 按快捷键 Ctrl+Alt+T 复制路径,并以中心点缩放路径,效果如图 4-44 所示。

(11) 按快捷键 Ctrl+Enter,将路径转换为选区。新建图层,设置渐变颜色为(R:185,G:184,B:179),(R:255,G:255,B:255),自左向右拖动鼠标,为图形填充线性渐变,效果如图 4-45 所示。

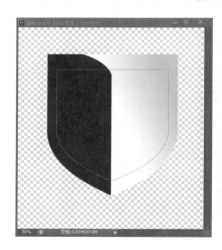
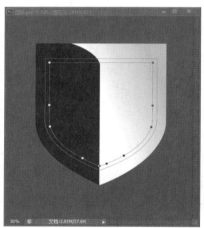

图 4-43　路径等比缩放　　　　图 4-44　复制并等比缩放路径　　　　图 4-45　为图形填充线性渐变

(12) 复制图层 4,按快捷键 Ctrl+T 将其缩小 96%,确认变换,制作出立体效果,如图 4-46 所示。

(13) 选择路径面板,将最外边的路径删除,然后按快捷键 Ctrl+Enter,将路径转换为选区。前景色设置为黑色,填充选区,效果如图 4-47 所示。

(14) 使用钢笔工具绘制图 4-48 所示的路径,然后按快捷键 Ctrl+Enter,将路径转换为选区。

(15) 新建图层,在选区内填充黑白径向渐变,效果如图 4-49 所示。

(16) 使用钢笔工具绘制图 4-50(a)所示的路径,然后按快捷键 Ctrl+Enter,将路径转换为选区;填充白色,并调整图层不透明度为 62%,效果如图 4-50(b)所示。

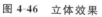

图 4-46　立体效果

图 4-47　填充黑色

图 4-48　绘制路径 3

图 4-49　填充黑白径向渐变

（a）

（b）

图 4-50　内部右侧图案

（17）打开项目 4 素材中的"图腾.psd"文件，将图腾复制到当前文件中，放置在图层 11 的下方，选择"编辑＞变换＞缩放"命令，调整图腾大小，并将图腾放置在适当的位置，效果如图 4-51 所示。

（18）选择"图像＞调整＞色相/饱和度"命令，打开"色相/饱和度"对话框，调整色相/饱和度，如图 4-52 所示。

图 4-51　添加图腾

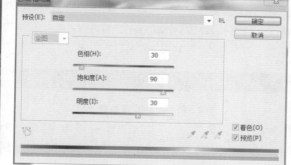

图 4-52　调整色相/饱和度

（19）复制图腾图层，按住 Ctrl 键，单击图层缩略图，载入选区；将选区填充为黑色，并拖动到图腾图层下方，适当调整位置，制作出图腾的立体效果。图标的最终效果如图 4-53 所示。

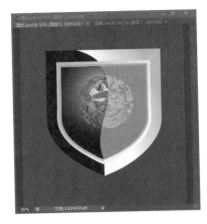

图 4-53　图标的最终效果

4.2.2　制作杀毒软件界面 ▼

（1）新建文件，命名为"杀毒软件界面"，图像尺寸为 664 像素×534 像素，分辨率为 96 像素/英寸，颜色模式为 RGB 颜色，背景内容为白色，如图 4-54 所示。

（2）双击工具箱中的"设置前景色"按钮，弹出拾色器对话框，将前景色设置为（R：50，G：52，B：51），填充背景图层，如图 4-55 所示。

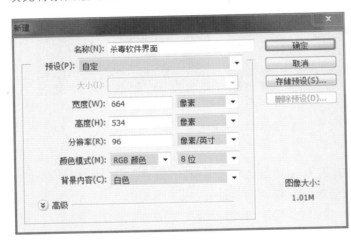

图 4-54　新建文件 2

图 4-55　填充背景图层

（3）选择圆角矩形工具，按下工具选项栏上的"形状图层"按钮，双击"颜色"按钮，在弹出的拾色器对话框中设置图层填充颜色为（R：71，G：69，B：70），其他设置如图 4-56 所示；然后在画面中绘制图 4-57 所示的圆角矩形，双击该图层缩略图，将图层重命名为"背景 1"。

图 4-56　设置图层参数 1

（4）复制"背景 1"图层，重命名为"背景 2"。用直接选择工具选中圆角矩形上方的节点，按住后向下移动节点位置，效果如图 4-58 所示。在图层面板中双击图层缩略图，在弹出的拾色器对话框中设置图层填充颜色为（R：19，G：19，B：19）。

（5）制作杀毒软件界面头部。打开项目 4 素材中的"标志.psd"和"图标素材.psd"两个文件，将需要的素材拖入当前文件中，做出图 4-59 所示的排版，并依据图标内容分别为图层修改名字。

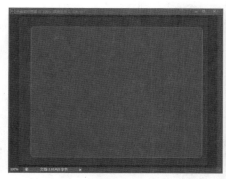
图 4-57 绘制圆角矩形 1

图 4-58 复制的圆角矩形

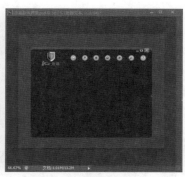
图 4-59 添加素材图标

（6）在工具箱中选择横排文字工具 **T**，在其属性栏中单击文字颜色色块，设置文字颜色为白色，其他设置如图 4-60 所示；输入"扫描""杀毒""保护""上网""分析""设置""帮助"字样，如图 4-61 所示。

图 4-60 文本参数设置

图 4-61 输入文本

（7）制作杀毒软件界面的主要工作区。选择圆角矩形工具，按下工具选项栏上的"形状图层"按钮，双击"颜色"按钮，在弹出的拾色器对话框中设置图层填充颜色为（R：224，G：224，B：224），其他设置如图 4-62 所示；然后在画面中绘制圆角矩形，选择路径选择工具，选中刚才绘制的圆角矩形，适当调整位置，使之位于界面正中偏下的位置，如图 4-63 所示。

图 4-62 设置图层参数 2

图 4-63 制作工作区

（8）打开"图标素材.psd"文件，导入电脑矢量智能对象，选择"编辑＞变换＞缩放"命令，调整图片大小,双击图层缩略图,将该图层命名为"电脑",效果如图 4-64 所示。

(9)选择圆角矩形工具,按下工具选项栏上的"形状图层"按钮,双击"颜色"按钮,在弹出的拾色器对话框中设置图层填充颜色为白色,在画面中绘制圆角矩形,如图 4-65 所示。单击图层面板下方的"添加图层样式"按钮 **fx.**,为圆角矩形添加投影效果,投影设置如图 4-66 所示。将该图层复制两次,选中这三个图层,选择选择工具,在其属性栏中单击"左对齐"和"水平居中分布"按钮,使三个圆角矩形合理分布,效果如图 4-67 所示。

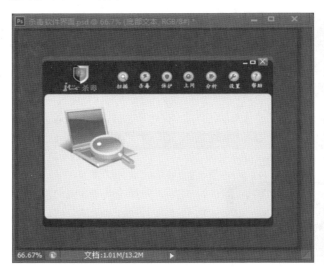

图 4-64　导入电脑素材

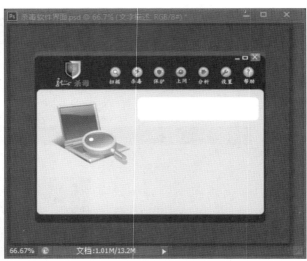

图 4-65　绘制圆角矩形 2

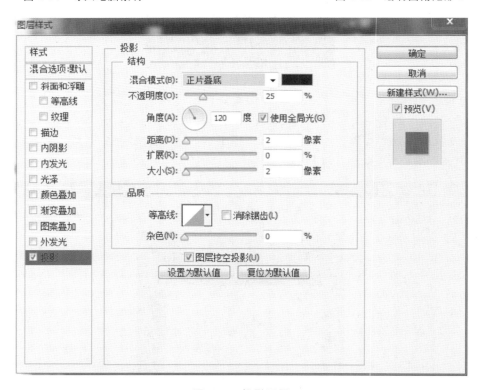

图 4-66　投影设置

(10)在"图标素材.psd"文件中导入所需的三个矢量智能对象,选择"编辑＞变换＞缩放"命令,调整图片大小,制作出图 4-68 所示的效果。

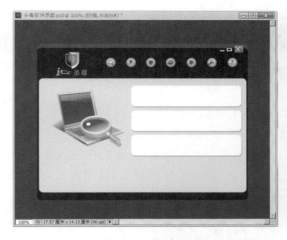
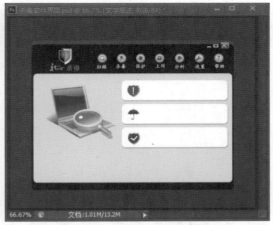

图 4-67 投影和左对齐水平居中分布的效果　　　　图 4-68 导入矢量智能对象

（11）在工具箱中选择横排文字工具 **T**，在其属性栏中单击文字颜色色块，设置文字颜色为（R: 195，G: 13，B: 35），其他设置如图 4-69 所示，输入"您已经有 13 天没有进行扫描！"字样。

图 4-69 设置文字参数 1

在工具箱中选择横排文字工具 **T**，在其属性栏中单击文字颜色色块，设置文字颜色为黑色，其他设置如图 4-70 所示，输入"定期进行木马病毒查杀将及时找出系统中隐藏的木马病毒，保护系统安全。"字样。

图 4-70 设置文字参数 2

在工具箱中选择横排文字工具 **T**，在其属性栏中单击文字颜色色块，设置文字颜色为（R: 0，G: 105，B: 52），其他设置如图 4-71 所示，输入"实时保护已经完全打开！"字样。

图 4-71 设置文字参数 3

在工具箱中选择横排文字工具 **T**，在其属性栏中单击文字颜色色块，设置文字颜色为黑色，其他设置如图 4-72 所示，输入"可以对实时监控进行详细的配置。"字样。

图 4-72 设置文字参数 4

在工具箱中选择横排文字工具 **T**，在其属性栏中单击文字颜色色块，设置文字颜色为（R: 0，G: 105，B: 52），其他设置如图 4-73 所示，输入"实时保护已经完全打开！"字样。

图 4-73 设置文字参数 5

在工具箱中选择横排文字工具 **T**，在其属性栏中单击文字颜色色块，设置文字颜色为黑色，其他设置如图 4-74 所示,输入"没有发现系统漏洞。"字样。

图 4-74　设置文字参数 6

分别将文字放置到图 4-75 所示的位置。

(12) 新建图层,将前景色设置为(R:246,G:248,B:247),选择圆角矩形工具,按下属性栏上的"填充像素"按钮,绘制圆角矩形。按住 Ctrl 键,单击图层缩略图,将圆角矩形转化为选区,然后选择矩形选框工具,在其属性栏上按下"从选区减去"按钮,在圆角矩形上绘制一个矩形选区,通过相减运算只留下圆角矩形的下半部分。选择"选择＞反选"命令,选择上半部分选区,按 Delete 键删除,效果如图 4-76 所示。

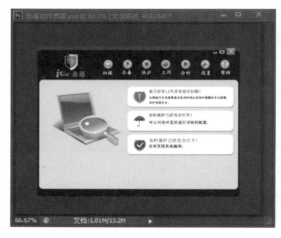

图 4-75　界面文字效果

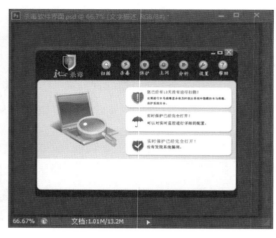

图 4-76　制作工作区下半部分界面

(13) 选择圆角矩形工具,按下工具选项栏上的"形状图层"按钮,绘制圆角矩形。双击图层缩略图,将图层填充颜色设置为(R:251,G:240,B:214)。单击图层面板下方的"添加图层样式"按钮 *fx.*,为圆角矩形添加内阴影效果,参数设置如图 4-77 所示。圆角矩形效果如图 4-78 所示。

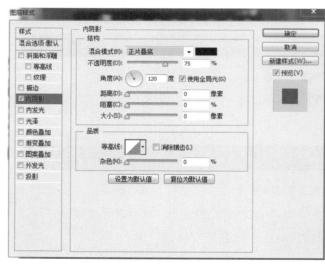

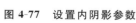

图 4-77　设置内阴影参数

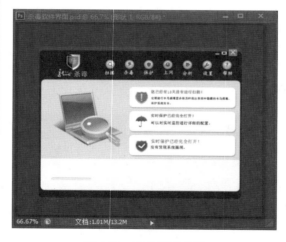

图 4-78　圆角矩形效果

(14) 新建图层,选择椭圆选框工具,按住 Shift 键,在圆角矩形右侧绘制一个大小适中的正圆选区。在工具箱中选择渐变工具 ,在其属性栏中设置渐变类型为径向渐变,如图 4-79 所示。单击渐变工具属性栏中的渐变颜色图标,将弹出"渐变编辑器"对话框,设置颜色为(R:255,G:255,B:255),(R:11,G:142,B:70),如图 4-80 所示。从中心向外拖动鼠标,为选区填充径向渐变,填充效果如图 4-81所示。按快捷键 Ctrl+D 取消选区。

图 4-79 设置渐变类型 2

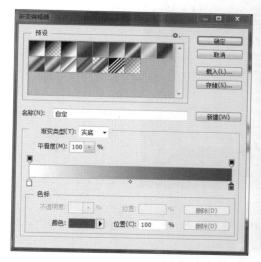

图 4-80 设置渐变颜色 2

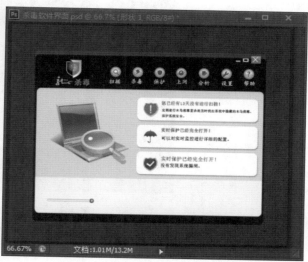

图 4-81 填充效果

(15)新建图层,在工具箱中选择铅笔工具,画笔大小设置为 1 像素,将前景色设置为黑色。按住 Shift 键,在圆角矩形上方绘制三根直线,如图 4-82 所示。

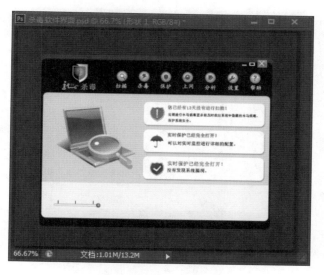

图 4-82 绘制三根直线

(16)在工具箱中选择横排文字工具 **T**,在其属性栏中单击文字颜色色块,设置文字颜色为黑色,其他设置如图 4-83 所示;输入"安全级别:""标准""高级""自定义""升级方式:自动升级""快速通道:"字样,分别将文字放置到图 4-84 所示的位置。

在工具箱中选择横排文字工具 **T**,在其属性栏中单击文字颜色色块,设置文字颜色为(R:0,G:105,B:52),其他设置如图 4-85 所示;输入"开始升级>>""升级设置>>""软件设置>>""清理使用痕

图 4-83　设置文字参数 7

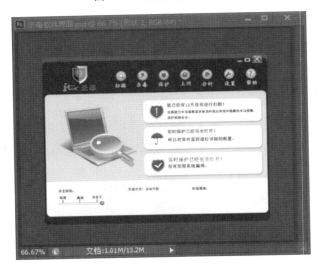

图 4-84　文字排版效果 1

迹＞＞""进行系统优化＞＞""管理应用软件＞＞""扫描系统插件＞＞""清理系统垃圾＞＞"字样,分别将文字放置到图 4-86 所示的位置。

图 4-85　设置文字参数 8

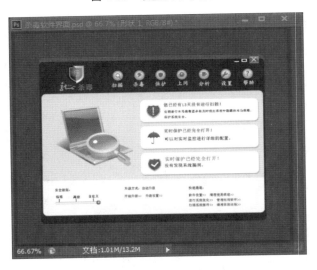

图 4-86　文字排版效果 2

　　在工具箱中选择横排文字工具 **T** ,在其属性栏中单击文字颜色色块,设置文字颜色为白色,其他设置如图 4-87 所示;输入"提示:点击鼠标可以打开相应的链接"字样,将文字放置在界面下方。杀毒软件界面最终效果如图 4-88 所示。

图 4-87　设置文字参数 9

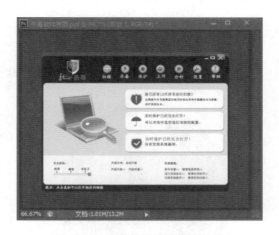

图 4-88 杀毒软件界面最终效果

项目小结

　　路径是处理选区和绘图的重要技术。通过本项目的学习,应该掌握路径的基本概念和基础操作,懂得如何使用钢笔工具和形状工具绘制路径。在图像处理中需要选取精确选区时,一般用钢笔工具完成,所以要能精确地控制锚点和调整锚点,这样才能对路径进行精准的调整。同时,配合渐变色的使用,可以制作出富有层次感和质感效果的精美图标和界面。

练习题

1. 什么是路径? 路径有哪些特点?
2. 什么是锚点? 锚点的分类有哪些?
3. 路径选择工具和直接选择工具的区别是什么?
4. 在 Photoshop CS6 软件中如何将路径转换为选区?
5. 请用 Photoshop CS6 设计图 4-89 所示的 MP4 造型设计以及展示效果图。

图 4-89 MP4 造型设计以及展示效果图

项目

5

设计制作商品包装

S HEJI ZHIZUO

S HANGPIN

B AOZHUANG

任务描述

商品包装设计是一种集创造、智慧、信息、技术为一体的专业性很强的艺术活动，Photoshop 是制作商品包装效果图的主要软件。在学习设计制作商品包装时，我们首先要了解通道和蒙版这两个知识点。"通道是核心，蒙版是灵魂"，这足以说明在 Photoshop 中通道和蒙版的重要地位。通道主要有两个作用：其一是保存颜色信息，其二是处理选区。蒙版是作为通道保存下来的，其主要作用也是为了精确处理选区。本项目主要运用渐变色设置和图层蒙版实现图层的融合过渡，运用丰富的图层样式达到漂亮的立体效果。下面以制作果汁饮品包装为例详细讲述商品包装设计的流程。果汁饮品包装展开图以及整体效果图如图 5-1 所示。

图 5-1　果汁饮品包装展开图以及整体效果图

学习目标

- 了解通道的基本概念和特征；
- 掌握通道的计算方法和处理选区的方法；
- 掌握蒙版的使用方法。

- 熟悉通道之间的转换及通道与蒙版的关系；
- 了解蒙版的基本概念和特征；

▶▶▶ 任务1　相关知识

各式各样的产品应有不同的包装方法、不同的组合形式和不同的包装材料。

1. 商品包装的分类

（1）按照包装的内容物分类：

食品包装：糖果、饮料、罐头、烟、酒等。

农牧水产品的包装：蔬菜、水果、粮、油、肉类、禽类、蛋类、水产品等。

百货包装：日用品、服装、鞋帽、化妆品、钟表、文具、工艺品、玩具等。

其他：药品包装、化工产品包装、电子产品包装、机械仪表包装、建材包装、钢材包装、兵器包装等。

（2）按照包装材料分类：

木箱包装、纸制品包装、金属包装、塑料包装、玻璃包装、陶瓷包装等。还可以将这些包装材料分为硬性包装、软性包装等。

硬性包装：如瓦楞纸箱、玻璃瓶、金属罐、塑料盒（箱）等。

软性包装：如编织袋、纸袋、塑料薄膜袋、铝箔袋等。

2. 商品包装设计的流程与运作

1）设计策划

设计策划作为包装设计的第一个步骤，它的任务在于收集商业情报，整理、比较、分析资料，了解法令规章，研究设计限制条件，确定正确的设计形式。

2）设计创意

商品包装的设计创意包括两个方面：一是文字表达，二是图形表达。

文字表达的内容主要是创意的切入点以及计划的实施。

图形表达是将构思形象化、可视化。图形表达是创意的关键，要充分发挥想象力，进行多种构成手法与表现形式的尝试，产生一定数量的设计草图，以便进行多角度的比较，确定最好的方案。

3）设计执行

设计执行包括定稿、正稿制作、打样校正三个阶段。

3. 商品包装设计的构成要素

要创造出高品质的包装作品，就必须对商品包装的各个构成要素进行全面、细致的设计，并合理而巧妙地编排这些构成要素间的组合关系，力求作品立意明确、内容丰富、表现力强。商品包装设计包括造型、结构、材料等功能性设计，也包括图形、文字、色彩等艺术性设计。这些构成元素缺一不可，相互依存。商品包装设计的构成要素包括：

（1）商品标识设计。

（2）商品文字设计。

（3）商品图形设计。

（4）商品色彩设计。

（5）版面编排设计。

5.1.1 认识通道 ▼

通道是学习 Photoshop 的难点，也是 Photoshop 的精华。通道包括四类：复合通道、颜色通道、Alpha通道和专色通道。可以为图像添加多个通道，但是一个图像最多不能超过二十四个通道。在窗口菜单中选择"通道"选项，其面板如图 5-2 所示。

（1）复合通道不包含任何信息，只是同时预览并编辑所有颜色通道的一个快捷方式。它通常被用来在单独编辑完一个或多个颜色通道后使通道面板返回到它的默认状态。

（2）颜色通道是 0～255 级灰度图像，图像被建立或者打开以后，会根据其颜色模式自动创建颜色通道，图像的颜色模式决定了颜色通道的数量。RGB 模式的图像有 R、G、B 三个颜色通道，单色通道如图 5-3所示；CMYK 模式的图像有 C、M、Y、K 四个颜色通道；Lab 模式的图像则含有 L、a、b 三个颜色通道。

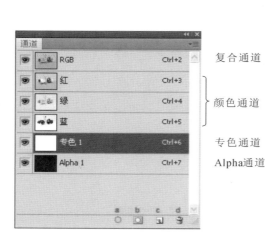

图 5-2　通道面板

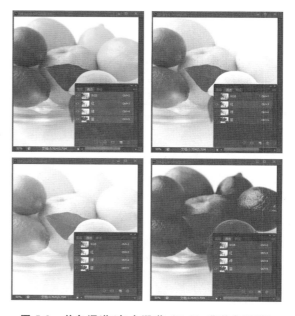

图 5-3　单色通道（复合通道，红、绿、蓝单色通道）

（3）Alpha 通道是一个 8 位的灰度通道，该通道用 256 级灰度来记录图像中的透明度信息，定义透明、不透明和半透明区域。其中黑色表示全透明，白色表示不透明，灰色表示半透明。

Alpha 通道具有下列属性：

① 每个图像（除 16 位图像外）最多可以包含 24 个通道，包括所有的颜色通道和 Alpha 通道。

② 所有的图像都是 8 位灰度图像，可显示 256 级灰度。

③ 可以随时增加或删除 Alpha 选区通道。

④ 可以为每个通道指定名称、颜色、蒙版选项和不透明度，这些设置只影响当前的通道，对图像没有任何影响。

⑤ 所有的新通道都具有与原图像相同的尺寸和像素数目。

⑥ 使用绘画和编辑工具可编辑 Alpha 通道中的蒙版。

⑦ 将选区存储在 Alpha 选区通道中可以使选区永久保留，以后能随时调用，也可以用于其他的图像中。执行"选择＞载入选区"命令，弹出"载入选区"对话框（见图 5-4），即可调用 Alpha 选区通道。

（4）专色通道是一种具有特殊用途的颜色通道，它可以使用除了青色、洋红（品红）、黄色、黑色以外的颜色来绘制图像。在印刷中为了让印刷作品与众不同，往往要做一些特殊处理，如增加荧光油墨或夜光油墨、套版印制无色系（如烫金）等，这些特殊颜色的油墨（我们称其为"专色"）都无法用三原色油墨混合而成，这时就要用到专色通道与专色印刷了。专色通道与原色通道恰好相反，用黑色代表选取（即喷绘油墨），用白色代表不选取（即不喷绘油墨）。在印刷时每种专色都要求使用专用印版，如果要印刷带有专色的图像，则需要创建存储这些颜色的专色通道。

5.1.2 创建通道 ▼

在 Photoshop CS6 中新建的通道只能是 Alpha 通道或专色通道，可以使用绘画或者编辑工具对其添加蒙版，方法如下：

（1）在窗口菜单中打开通道面板，单击"新建 Alpha 通道"按钮，就会在最后一个通道后面新建一个 Alpha 通道，默认为 Alpha1，依次为 Alpha2、Alpha3……，双击通道缩略图，打开"通道选项"对话框，如图 5-5 所示。在"通道选项"对话框中可以修改通道名称；色彩指示用来设定通道显示颜色的方式，颜色用来设定蒙版的颜色和不透明度。

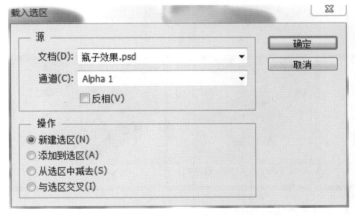

图 5-4 "载入选区"对话框

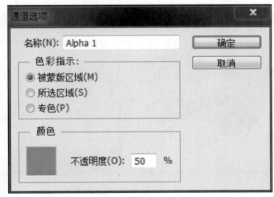

图 5-5 "通道选项"对话框 1

（2）单击通道面板右上角的三角形，在下拉菜单中选择"新建通道"选项，也会在最后一个通道后面新建一个 Alpha 通道，如图 5-6 所示。

5.1.3 复制与删除通道 ▼

Alpha 通道、专色通道以及颜色通道都可以复制和删除。复制通道可以将原色通道或 Alpha 通道复制成副本,但是不能复制复合通道。

(1)在某一个通道缩略图上右击,弹出"复制通道"对话框;单击通道面板右上角的三角形,在下拉菜单中选择"复制通道"选项,也可以弹出"复制通道"对话框。"复制通道"对话框如图 5-7 所示。

<table>
<tr><td>图 5-6　新建通道菜单</td><td>图 5-7　"复制通道"对话框</td></tr>
</table>

为:用来设定复制后的通道名称,系统默认为原通道名＋副本。

文档:用来选择复制后的通道副本所要存储的目标图像文件,一般默认为当前打开的图像文件。若选择"新建",则"名称"文本框会显示可用,输入新文件的名称即可。

反相:复制后的通道副本的颜色会以相反的色相显示。

(2)首先选中通道,然后按左键将通道拖动到"新建"按钮上可以完成复制,将通道拖动到"垃圾桶"按钮上可以删除通道。单击通道面板右上角的三角形,在下拉菜单中选择"删除通道"命令,即可删除通道。

5.1.4　分离与合并通道 ▼

分离通道可以把一幅图像的每个通道分别拆分为独立的图像文件,分离出来的图像文件都以独立的窗口显示,它们都是灰度文件。在印刷行业中,常常将 CMYK 模式的图像分离成四个单色胶片。

分离通道必须具备以下条件:① 文件必须只有一个锁定的背景图层;② 只有在 RGB、CMYK、Lab和多通道色彩模式下可以使用。

分离通道时首先打开需要分离通道的图片,然后在通道面板右上角单击"分离通道"按钮。分离通道如图 5-8 所示。

图 5-8　分离通道

合并通道是分离通道的反向操作,它可以将多个灰度图像文件合并成一个彩色图像文件。例如,在RGB 色彩模式下使用分离通道命令后,得到三个独立的灰度图像,只要再次以 RGB 颜色合并,合并命令会自动指定合并通道后文件的红绿蓝通道为旧文件的红绿蓝通道,完成合并后就得到了分离通道之前的图像。为了让合并出的图像能够产生比较奇特的色彩效果,在进行合并时可以调乱通道位置,以达到理想的效果,如图 5-9 所示。

通常用分离通道和合并通道这两个命令处理通道后产生的图像颜色都比较怪异,而在整个图像色彩比较单调的时候却会产生一些蒙太奇效果。

事实上,分离通道和合并通道这两个命令同样适用于有 Alpha 通道和专色通道的图像。

图 5-9　合并通道

5.1.5　计算通道 ▼

"计算"命令可以选择两个源图像的图层和通道,结果可以是一个新图像、新通道或选区。"计算"命令主要用来制作选区,最常见的就是选择暗调、中间调及高光,这三个选区只是一个范围,没有一个明确的界定标准。

计算和图层混合类似,图层混合有正片叠底、变暗等,通道的计算也同样有这么多的模式,同时增加了"相加"和"相减";不同的是图层混合不会产生新的图层,而通道的计算会产生新的通道,是两种通道按一种混合模式混合产生的。

执行"图像＞计算"命令,即可打开"计算"对话框,如图 5-10 所示。

5.1.6　转换通道 ▼

通道转换主要是完成某种特殊的颜色或选区处理,一般来说是将 Alpha 通道转换为专色通道。

通道转换的方法是首先选中 Alpha 通道,双击通道缩略图,在弹出的"通道选项"对话框中选择"专色"即可,如图 5-11 所示。

图 5-10　"计算"对话框

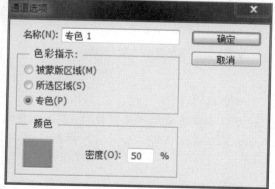

图 5-11　"通道选项"对话框 2

5.1.7　图层蒙版的原理 ▼

蒙版是进行图像处理时常用的一种编辑方法,用来保护被遮蔽的区域,从而使被遮蔽的区域不受任何编辑操作的影响。蒙版是一种特殊的选区,但它的目的并不是对选区进行操作,反而是要保护选区不被操作,同时不处于蒙版范围的地方则可以进行编辑处理。

图层蒙版的原理是使用一张具有 256 级色阶的灰度图来屏蔽图像,灰度图中的黑色区域为透明区域,而白色区域为不透明区域,不同的灰度级表示不同的透明度。由于灰度图具有 256 级灰度,因此能够创建细腻、逼真的混合效果。

蒙版主要用来抠图、做图像边缘的淡化效果或者实现图层间的融合。使用蒙版修改方便,不会因为使用橡皮擦或剪切删除而造成不可返回的遗憾;另外,还能在蒙版中运用不同的滤镜,以产生蒙太奇效果。

蒙版分为快速蒙版、图层蒙版、矢量蒙版和剪贴蒙版四类。

(1)快速蒙版:一种暂时性的蒙版,暂时在图像表面产生一种与保护膜类似的保护装置,常用于帮助用户快速获取精确的选区。缺省状态下,蒙版以一种不透明度为 50% 的红色来表示,也就是说,图像中选择区域以外的部分由一种红色遮盖起来。如果编辑的图像本身就是以红色为主体,则蒙版色很容易与图像混合起来,使我们无法分辨蒙版的形状。此时如果需要使用快速蒙版,就必须改变蒙版的颜色。双击工具箱中的"快速蒙版"图标 或按 Q 键,便可调出"快速蒙版选项"对话框,如图 5-12 所示。

在"快速蒙版选项"对话框中可以调节蒙版遮盖的区域以及蒙版使用的颜色及其不透明度。"被蒙版区域"可使被蒙版区域显示为黑色(不透明),使选中区域显示为白色(透明),用黑色绘画可扩大被蒙版区域,用白色绘画可扩大选中区域;"所选区域"可使被蒙版区域显示为白色(透明),使选中区域显示为黑色(不透明),用白色绘画可扩大被蒙版区域,用黑色绘画可扩大选中区域。双击颜色图标,可以打开拾色器对话框,更改被蒙版区域的遮罩颜色。要更改不透明度,可以输入一个 0%~100% 的数值。

在快速蒙版状态下,可以用画笔工具或其他上色工具涂抹出要编辑的区域,通过对快速蒙版进行编辑来增加或减少选区。快速蒙版的优势是可以使用几乎所有的工具或滤镜对蒙版进行编辑,甚至可以使用选择区域。要退出快速蒙版模式,可以按工具箱上的"以标准模式编辑"按钮或按 Q 键。例如,运用快速蒙版工具选取眼睛下方的眼影,效果如图 5-13 所示。

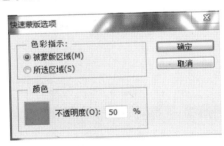

(a)快速蒙版模式下用画笔涂抹　　(b)按Q键切换到标准模式下获得选区

图 5-12　"快速蒙版选项"对话框　　　　　**图 5-13　运用快速蒙版工具选取眼睛下方的眼影**

➡小技巧

可以在快速蒙版模式下执行"文件＞存储"命令将图像文件存储起来,当下次打开图像文件时,制作的快速蒙版依然保留。如果切换到标准模式下执行存储命令,当下次打开图像文件的时候,选区一定会丢失。

(2)图层蒙版:单击图层面板下方的"添加图层蒙版"按钮 ,可以在该图层后面创建一个图层蒙版,如图 5-14 所示。请注意:背景图层不能添加图层蒙版。

(3)矢量蒙版:由钢笔工具或形状工具创建,与分辨率无关。矢量蒙版通过路径和矢量形状来控制图像的显示区域,常用来创建 Logo、按钮或其他 Web 设计元素。

打开需要处理的图片,选中要处理的图层,在该图层上做矢量蒙版处理。最简单的方法是按住 Ctrl 键并单击图层下面的蒙版图标,就可以生成一个矢量蒙版了。在该蒙版上绘制图形,相应地在路径面板中也会出现一个矢量蒙版,如图 5-15 所示。若要将矢量蒙版转换为位图蒙版,在图层面板中选择蒙版对象的缩略图,执行"修改＞栅格化矢量蒙版"命令,即可将矢量蒙版转换为位图蒙版,在路径面板中矢量蒙版的路径也随之消失。

图 5-14　创建图层蒙版　　　　　　　　　　　图 5-15　创建矢量蒙版

（4）剪贴蒙版:相当于图案的精确裁剪。创建剪贴蒙版必须要有两个及以上图层,下面就以两个图层为例:相邻的两个图层创建剪贴蒙版后,上面图层所显示的形状或虚实就要受下面图层的控制,下面图层的形状是什么样的,上面图层就显示什么形状,或者只能够显示下面图层的部分形状,但画面内容还是上面图层的,只是形状受下面图层的控制。

创建剪贴蒙版的方法是选中图案图层后按快捷键 Ctrl＋Alt＋G,或者在图层菜单中选择"创建剪贴蒙版"选项,都可以创建剪贴蒙版,如图 5-16 所示。

图 5-16　创建剪贴蒙版

➡小技巧

打开图层面板,在两个图层间按住 Alt 键后单击,就可以对上面一个图层创建剪贴蒙版;要取消剪贴蒙版,再在两个图层间按住 Alt 键后单击即可。

5.1.8　停用和启用图层蒙版　▼

停用图层蒙版与删除图层蒙版不同,停用图层蒙版会暂时隐藏它,删除图层蒙版会将其永久删除。当图层蒙版处于停用状态时,图层面板中的蒙版缩略图上会出现一个红色的×,并且会显示出不带蒙版效果的图层内容。

停用图层蒙版：选中蒙版，右击鼠标，在弹出的菜单中选择"停用图层蒙版"，如图 5-17 所示，或者选择要停用图层蒙版的图层，然后执行"图层＞图层蒙版＞停用"命令。

启用图层蒙版：一般是停用图层蒙版后才可以有这个操作，选中图层蒙版，右击鼠标，在弹出的菜单中选择"启用图层蒙版"，如图 5-18 所示，或者选择要启用图层蒙版的图层，然后执行"图层＞图层蒙版＞启用"命令。

 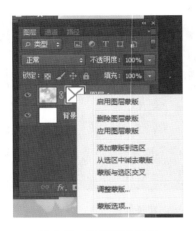

图 5-17　停用图层蒙版　　　　　　　　图 5-18　启用图层蒙版

5.1.9　移动和复制图层蒙版　▼

移动图层蒙版方法：选中图层蒙版，按住鼠标左键，将蒙版直接拖动到需要的位置释放鼠标即可。

复制图层蒙版方法：选中要复制的图层蒙版，按住 Alt 键，将蒙版拖动到合适的位置释放 Alt 键即可。

5.1.10　删除和应用图层蒙版　▼

删除图层蒙版方法：选中图层蒙版，右击鼠标，在弹出的菜单中选择"删除图层蒙版"，如图 5-19 所示。

删除图层蒙版前，要选择是想对被遮罩的对象应用蒙版效果还是放弃蒙版效果。

"应用"：保持对对象所做的更改，但图层蒙版不再是可编辑的。如果被遮罩对象是矢量对象，则图层蒙版和矢量对象都转换为单个位图图像。

"放弃"：除去所做的更改，并将对象恢复到原来的格式。

"取消"：中止删除图层蒙版操作，并使图层蒙版保持为原样。

应用图层蒙版方法：选中图层蒙版，右击鼠标，在弹出的菜单中选择"应用图层蒙版"即可，如图 5-20 所示。

图 5-19　删除图层蒙版　　　　　　　　图 5-20　应用图层蒙版

5.1.11 将通道转换为蒙版 ▼

通道就是选区的存储形式,我们建立选区并存储选区时,会自动生成一个 Alpha 1 的通道。蒙版也是选区的存储形式,因此通道与蒙版之间是可以相互转换的。将通道转换为蒙版常用的有两种方法:

(1)在通道面板中按住 Ctrl 键后单击通道缩略图,得到选区,回到图层面板中添加图层蒙版,便会自动得到黑白蒙版。如果觉得得到的图像太黑,选择"图像>调整>反相"就可以了。

(2)在通道面板中按 Ctrl+A 键全选,然后按 Ctrl+C 键复制,回到图层面板中添加图层蒙版,按 Ctrl+V 键粘贴,这种方法不用载入选区。

▶▶▶ 任务 2 项目实施

5.2.1 制作果汁饮品包装背景 ▼

(1)新建文件,命名为"标签",画布尺寸为 105.83 毫米×99.14 毫米,分辨率为 300 像素/英寸,颜色模式选择"RGB 颜色",如图 5-21 所示。

(2)按 F7 键打开图层面板,新建图层组,将图层组改名为"橙色标签",如图 5-22 所示。

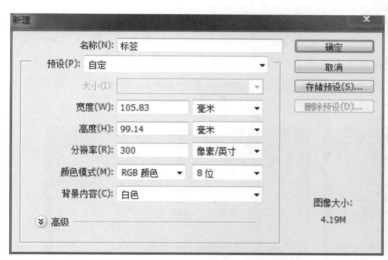

图 5-21 新建文件 1

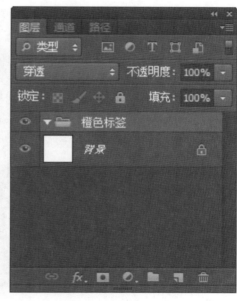

图 5-22 新建图层组

(3)在"橙色标签"图层组中新建图层,制作背景,为背景图层填充渐变色。在工具箱中选择渐变工具 ,在其属性栏中设置渐变类型为"线性渐变",如图 5-23 所示。单击渐变选项栏中的渐变颜色图标,弹出"渐变编辑器"对话框,设置颜色为(R:247,G:18,B:0),(R:255,G:153,B:0),如图 5-24 所示。在图像中由上至下拖动鼠标,填充"线性渐变",按快捷键 Ctrl+D 取消选区,渐变填充效果如图 5-25 所示。

图 5-23 设置渐变类型

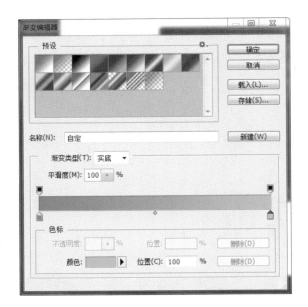

图 5-24　设置渐变参数 1　　　　　　　　图 5-25　渐变填充效果 1

（4）新建图层，选择圆角矩形工具 ，在圆角矩形工具的属性栏中设置半径为 5 厘米，绘制一个圆角矩形路径。在路径面板中选择"圆角矩形"，然后按快捷键 Ctrl＋Enter 将路径生成选区。执行"选择＞修改＞羽化"命令，设置羽化半径为 80 厘米，使两个图层自然融合。设置前景色为（R：243，G：198，B：2），在选区中填充此颜色，制作黄色光晕，效果如图 5-26 所示。

➡小技巧

按快捷键 Shift＋F6 可以直接打开"羽化"对话框，按快捷键 Alt＋Delete 或者 Alt＋Back Space 可以为选区填充前景色，按快捷键 Ctrl＋Delete 或者 Ctrl＋Back Space 可以为选区填充背景色。

（5）打开项目 5 素材中的"水果.psd"文件，将各种水果拖入当前文件中，并将水果摆放到图 5-27 所示的位置，图层模式改为"穿透"。

图 5-26　黄色光晕效果　　　　　　　　图 5-27　添加水果 1

（6）新建图层，将前景色设置为（R：250，G：148，B：28），填充前景色到透明的线性渐变，设置渐变参数，如图 5-28 所示。在图像中自上而下拖动鼠标填充渐变，效果如图 5-29 所示。

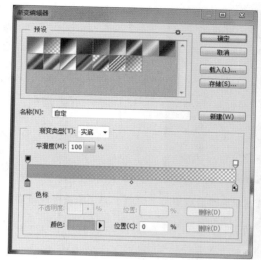

图 5-28 设置渐变参数 2

图 5-29 渐变填充效果 2

（7）打开项目 5 素材中的"01. png"图片，将图案移到当前文件中，为该图层添加图层蒙版，将前景色设为黑色，设置画笔笔刷硬度为 0%，用画笔工具在图层蒙版中进行适当涂抹，制作出图 5-30（a）所示的效果。用同样的方法制作上部的图案效果，如图 5-30（b）所示。

（a）

（b）

图 5-30 制作背景图案

（8）新建图层，在工具箱中选择椭圆选框工具 ⬭，在椭圆选框工具属性栏中设置样式为"固定大小"，宽、高均为 45 毫米，单击鼠标，绘制一个半径为 45 毫米的正圆。设置前景色为（R:255,G:229,B:0），为圆形选区填充前景色。接下来为圆形选区描边，设置前景色为（R:234,G:17,B:0），选择"编辑＞描边"，打开"描边"对话框，设置描边参数，如图 5-31 所示。按快捷键 Ctrl＋D 取消选区，将圆形调整到版面中间，效果如图 5-32 所示。

（9）新建图层，按住 Ctrl 键，单击图层 12 缩略图，在新图层中载入图层 12 的选区，选择"选择＞修改＞收缩"，打开"收缩选区"对话框，设置收缩量为 80 像素，将选区在原图形基础上成比例缩小。选择渐变工具，设置（R:167,G:204,B:3），（R:58,G:135,B:11），（R:61,G:144,B:12）三种颜色的径向渐变，效果如图 5-33 所示。

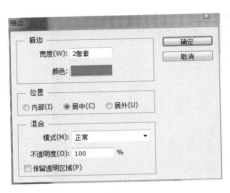

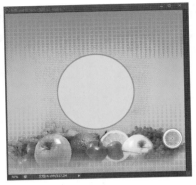

图 5-31　设置描边参数　　　图 5-32　圆形填充和描边后效果　　　图 5-33　小圆径向渐变后效果

（10）在工具箱中选择横排文字工具 ，输入"FRUIT100"字样，字体设置为 Franklin Gothic Heavy，为文字添加"斜面和浮雕"（见图 5-34（a））、"渐变叠加"（见图 5-34（b））和"描边"（见图 5-34（c））图层样式。

选择"编辑＞变换＞旋转"，将文字旋转一定的角度，放置在图 5-34（d）所示的位置。

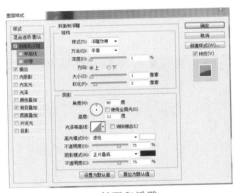

(a) 斜面和浮雕

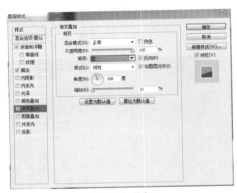

(b) 渐变叠加

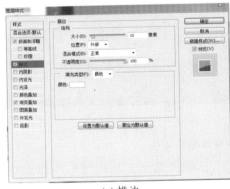

(c) 描边

(d) 文字效果

图 5-34　添加"斜面和浮雕"、"渐变叠加"和"描边"图层样式及文字效果

（11）新建图层，在形状工具组中选择矩形工具，前景色设置为白色，按下"填充像素"按钮，在画面中绘制一个矩形条，如图 5-35（a）所示。适当调整矩形条的宽度和长度，执行"编辑＞变换＞旋转"命令，对矩形条进行旋转，使矩形条和文字的倾斜角度正好一致。把该图层放在文字图层的下方，使之衬在文字底层，效果如图 5-35（b）所示。

（12）将大圆选区转化为路径，添加路径文本，输入"果汁饮品 每天来一杯"字样，字体为楷体，颜色为（R：234，G：17，B：0），调整文字位置，效果如图 5-36 所示。

（a）　　　　　　　　　　　　　　（b）

图 5-35　绘制白色矩形条

图 5-36　添加路径文本

（13）将素材文件"水果.psd"中的樱桃添加进画面中，按快捷键 Ctrl＋T 适当调整樱桃的大小和角度，将其放置在文字上方。设置"投影"图层样式的参数，如图 5-37 所示。添加樱桃后效果如图 5-38 所示。

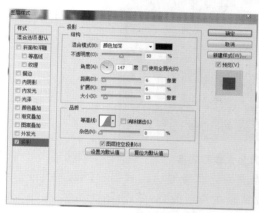

图 5-37　设置投影参数

图 5-38　添加樱桃后效果

（14）新建图层，在形状工具组中选择直线工具，前景色设置为白色，按下"填充像素"按钮，设置直线参数，如图 5-39 所示。按住 Shift 键并拖动鼠标，绘制一条水平的白色直线。适当移动白色直线位置，将其放置在图片上方，效果如图 5-40 所示。

图 5-39　设置直线参数

图 5-40　绘制白色直线

（15）在工具箱中选择横排文字工具  ，在其属性栏中单击文字颜色色块，设置文字颜色为（R：255，G：255，B：255），其他设置如图 5-41 所示。

图 5-41　设置文字参数

添加文本，输入"艾美克食品"以及"100％果汁！健康美丽新生活！"字样，分别将文字放置在图 5-42 所示的位置。

图 5-42　添加文本后效果

（16）新建图层，绘制圆角矩形作为文字的背景图案。选择形状工具组中的圆角矩形工具，设置前景色为（R：1，G：54，B：151），按下"填充像素"按钮，设置圆角矩形参数，如图 5-43 所示。

图 5-43　设置圆角矩形参数

为该图层添加"外发光"、"斜面和浮雕"以及"描边"图层样式，具体设置如图 5-44 所示。

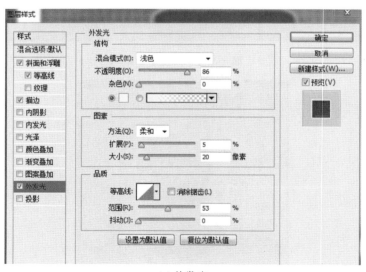

(a) 外发光

图 5-44　添加"外发光"、"斜面和浮雕"以及"描边"图层样式

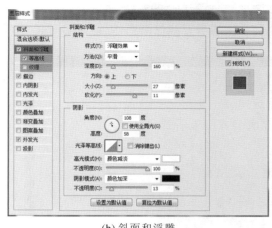 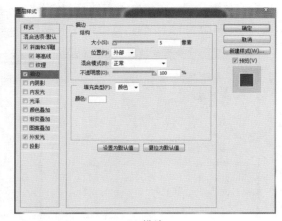

(b) 斜面和浮雕　　　　　　　　　　(c) 描边

续图 5-44

将该图层复制一个新图层,放置在画面下方,并调整其大小,使之适合文字内容,最终效果如图 5-45 所示。

(17) 复制橙色标签组,改名为"紫色标签",调整背景色为紫色(R:183,G:1,B:201),制作一张紫色标签图。单击"文件",选择"保存",将该文件进行保存。紫色标签效果图如图 5-46 所示。

图 5-45　制作文字背景图案　　　　　图 5-46　紫色标签效果图

5.2.2 果汁饮品瓶立体效果合成 ▼

(1) 新建文件,命名为"果汁饮品瓶立体效果",画布尺寸为 15 厘米×10 厘米,分辨率为 300 像素/英寸,如图 5-47 所示。

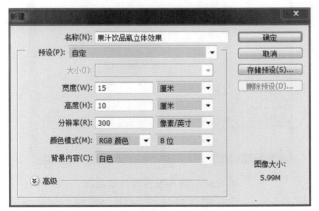

图 5-47　新建文件 2

（2）选择渐变工具，设置渐变颜色由（R：252，G：207，B：226）到（R：255，G：255，B：255）的线性渐变，设置渐变参数，如图 5-48 所示。自上而下拖动鼠标，为背景图层填充线性渐变，效果如图 5-49 所示。

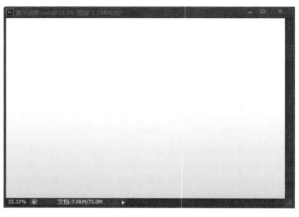

图 5-48　设置渐变参数 3　　　　　　　　**图 5-49　渐变填充效果 3**

（3）打开项目 5 素材中的"01.png"图片，将其拖入画布中，调整其位置。为图层添加图层蒙版，用黑色柔角画笔在图层蒙版上适当涂抹，使图案上部和背景自然融合，最终效果如图 5-50 所示。

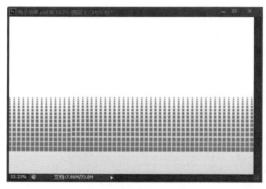
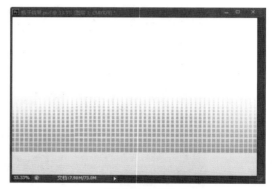

（a）图层蒙版应用前　　　　　　　　（b）图层蒙版应用后

图 5-50　添加图层蒙板

（4）打开项目 5 素材中的"03.png"图片，将橙色果汁饮品瓶拖入画布中，适当调整其位置，效果如图 5-51 所示。

图 5-51　导入橙色果汁饮品瓶

（5）将制作的标签图片打开，导入当前文件中进行贴图。选择"编辑＞自由变换＞变形"命令，将标签图片进行调整，使之贴在果汁饮品瓶表面，效果如图 5-52 所示。

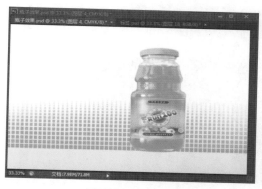
(a) 对标签图片进行调整前

(b) 对标签图片进行调整后

图 5-52 调整标签图片

（6）设置前景色为（R：147，G：92，B：63），选择画笔工具，设置画笔硬度为 0％，不透明度为 40％，涂抹出标签图片四周需要融合的范围，效果如图 5-53 所示。

（7）将该图层的图层模式改为"颜色加深"，按 Alt 键将其作为剪切蒙版，效果如图 5-54 所示。

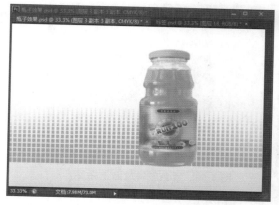

图 5-53 画笔涂抹效果

图 5-54 颜色加深效果

（8）复制该图层，将该图层的图层模式改为"线性加深"，如图 5-55 所示。

（9）制作标签图片高光区域。选择画笔工具，设置前景色为白色，涂抹出图 5-56 所示的高光区域。

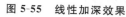

图 5-55 线性加深效果

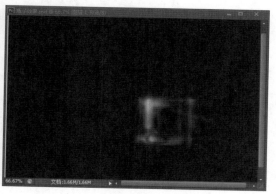

图 5-56 制作标签图片高光区域

（10）按 Alt 键将该图层转换为剪切图层，图层模式改为"颜色减淡"，如图 5-57 所示。

（11）复制该图层，将图层模式改为"线性减淡"，添加图层蒙版，用画笔适当涂抹调整，达到自然融合的效果，如图 5-58 所示。

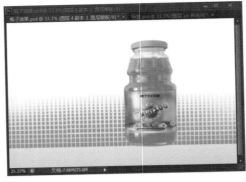

图 5-57　颜色减淡效果　　　　　　　　**图 5-58　线性减淡效果**

（12）打开项目 5 素材中的"04.png"图片，将紫色塑料瓶拖入当前文件中，适当调整其位置，将其放置在橙色果汁饮品瓶左侧，如图 5-59 所示。

（13）新建图层组，将图层组重命名为"紫色"，将紫色标签所需图层全部拖入该图层组中，用同样的方法将紫色塑料瓶的标签贴上，最终效果如图 5-60 所示。

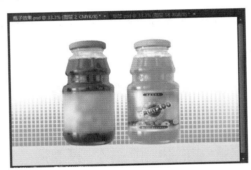

图 5-59　导入紫色塑料瓶　　　　　　　　**图 5-60　紫色塑料瓶贴上标签**

（14）打开项目 5 素材中的"水果.psd"文件，将各种水果依次拖入当前文件中，为各图层添加"投影"图层样式，设置投影参数，如图 5-61 所示。对各图层进行适当排列和复制，最终效果如图 5-62 所示。

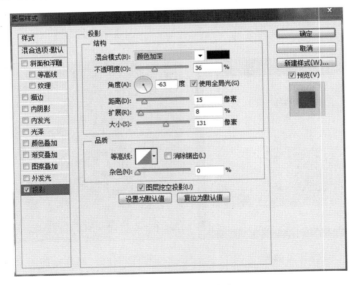

图 5-61　设置投影参数 2

（15）新建图层，为两个塑料瓶添加阴影效果，最终效果如图 5-63 所示。

图 5-62　添加水果 2　　　　　　　图 5-63　果汁饮品包装最终效果

项目小结

　　通道和蒙版是 Photoshop CS6 中最重要的知识点。实际操作中,通道既可以调整颜色,也可以处理选区,蒙版一般作为 Alpha 通道保存下来。蒙版的应用极为灵活,可以使用蒙版来混合多张照片,也可以使用蒙版来调整图层的作用范围,或者使用蒙版来隐藏图像的某一个局部。通过本项目的学习,应该初步掌握通道和图层蒙版的基础知识,懂得如何使用图层蒙版合成图像,能综合运用文字工具和色彩命令等做出整体效果。

练习题

1. 通道的主要功能是什么?
2. Alpha 通道的特点有哪些?
3. 蒙版的作用是什么?
4. 图层蒙版有哪几种?
5. 请用 Photoshop CS6 设计图 5-64 所示的建宁痛片包装展开图以及立体效果图。

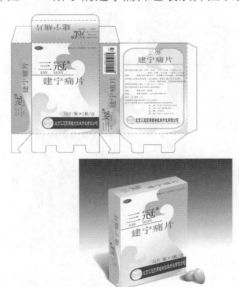

图 5-64　建宁痛片包装展开图以及立体效果图

项目 6

设计制作贺卡

SHEJI ZHIZUO

HEKA

任务描述

色彩是人的视觉关键，它能够直接影响人们对画面的视觉感受，有直接刺激视觉的作用。优质的图像应该具备良好的色彩搭配，因此处理图像时，色彩的调整是必不可少的，也是非常重要的。Photoshop CS6 提供了一系列调整图像色彩的命令，既有可以方便、快速地调整图像色彩的调整命令，又有可以精细调整图像色彩的精确调整命令。使用好这些命令，是有效地控制好色彩、制作出高品质图像的关键。本项目主要通过运用色彩调整中的"亮度/对比度""曲线""照片滤镜""可选颜色"命令，对原始图像的明暗度及颜色进行调整，实现图像明暗平衡、色彩逼真的效果，并配合使用颜色的渐变填充对颜色进行设置，制作出圣诞节主题的贺卡，如图 6-1 所示。

 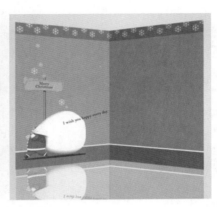

图 6-1 圣诞节贺卡封面（左）、内页（右）

学习目标

- 理解色彩的色调、色相、饱和度、对比度等相关知识；
- 掌握调整图像色调的方法；
- 掌握图像的调色技巧。

- 熟悉各种色彩调整命令；
- 掌握调整图像色彩的方法；

>>> 任务 1 相关知识

Photoshop CS6 的色彩调整功能非常强大，选择"图像＞调整"命令，可以看到在调整级联菜单中有很多关于色彩调整的命令。在学习这些命令之前，首先了解一些色彩的基础知识。

色彩调整主要指的是对图像的色调、色相、饱和度及对比度的调节。

色调：明暗度，调整色调就是调整明暗度。色调的范围为 0～255，共为 256 种色调。

色相：色彩的颜色，调整色相就是在多种颜色中进行变化。比如一个图像由红、黄、绿色组成，那么每种颜色就代表一种色相。

饱和度：图像颜色的纯度，调整饱和度也就是调整图像颜色的纯度。饱和度表示纯色中灰成分的相对比例，用百分数来衡量，0％为灰度，100％为完全饱和。把图像的饱和度降为 0％，则会使图像变成一个灰色的图像。增加饱和度，就会增加颜色的纯度。

对比度：不同颜色之间的差异。对比度越大，两种颜色之间的差异越大；反之，则两种颜色越接近。

贺卡设计是指为了向他人或团体表达祝福或发出邀请而设计的能够促进人际关系良性发展的一种艺术设计。随着时代的发展，贺卡已经不仅仅只是祝福或邀请的潜在意图的表达，而是越来越注重个性化、独特化的形式美的外观，用简练的元素、独特的创意传递人们心中的意愿。

1. 贺卡设计的类型

贺卡设计根据贺卡运用的目的分为生日贺卡设计、婚庆贺卡设计、节日祝福贺卡设计、商业活动邀请贺卡设计等,根据贺卡设计的不同风格分为简约型贺卡设计、繁复型贺卡设计、时尚型贺卡设计以及复古型贺卡设计等。

2.贺卡设计的特征

贺卡设计具有准确性、凝练性、创意性的特征。准确性是指贺卡设计应该满足从封面到内页的图形与文字能够准确传达邀请、祝福他人或团体等设计意图的需要;凝练性是指所设计的贺卡的图形图像以及文字部分应该简洁洗练,以最少的元素准确表达设计意图;创意性是指所设计的贺卡的外观创意卓越、新颖独特,所选取图形的形象要鲜明,造型要别致,能够吸引人们的注意力。

3.贺卡设计的原则

贺卡设计的原则包括信息明确、简洁洗练、新颖独特。信息明确就是指贺卡的封面以及内页的文字与图片必须准确传达相关的设计内涵;简洁洗练就是指贺卡的图形选取、文字设置必须简洁、精练,以最精简的元素准确传达贺卡设计的含义;新颖独特是指贺卡设计要创意卓越,这不仅要求贺卡整体外观设计新颖独特,而且要求图形与文字的形象设计要鲜明与别致。

6.1.1 绘图颜色的设置 ▼

在 Photoshop CS6 中绘图颜色包括前景色和背景色。通常情况下,绘制图像使用前景色,擦除图像使用背景色。因此,绘图颜色的选取包括前景色和背景色的选择,可以使用颜色拾取器选择颜色,也可以使用颜色面板和色板面板选择颜色。在工具箱的前景色和背景色区域中选择前景色或背景色,如图 6-2 所示。

前景色/背景色切换
前景色
默认颜色
背景色

图 6-2 前景色和背景色区域

选择前景色时单击"前景色"按钮;选择背景色时单击"背景色"按钮;要切换前景色和背景色,单击"前景色/背景色切换"按钮;要将前景色设置为黑色,将背景色设置为白色,单击"默认颜色"按钮即可。

1.拾色器对话框的使用

要选择前景色或背景色,单击相应的按钮,打开拾色器对话框。图 6-3 所示为"拾色器(前景色)"对话框,对话框右下角的单选按钮分别表示 HSB、RGB、Lab、CMYK 色彩模式中的原色。当选中某个单选按钮时,拖动原色滑块可以改变当前原色的色阶。颜色区显示当前所选原色值对应的其他两个原色分别在水平轴和垂直轴的原色范围。

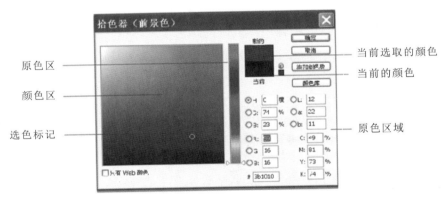

原色区
颜色区
选色标记
当前选取的颜色
当前的颜色
原色区域

图 6-3 "拾色器(前景色)"对话框

选取颜色的方法有以下两种:

(1)直接在原色区域输入颜色的数值来选取颜色。

(2)单击要选取的某个原色单选按钮或在原色区拖动滑块选取原色值,然后在颜色区单击需要的颜色,这时选取的颜色将用小圆圈标记出来,并在当前选取的颜色区显示所选颜色,而在原色区显示上次选取的颜色。

选取所需的颜色并确定后,在工具箱的前景色和背景色区域会显示所选的颜色。

2. 颜色面板的使用

如果对颜色的要求不高,可直接在颜色面板上选取颜色。在 Photoshop CS6 窗口显示颜色面板,如图 6-4 所示。单击颜色面板右上角的三角形按钮,弹出颜色面板菜单,如图 6-5 所示,可从中选择需要的颜色模式。

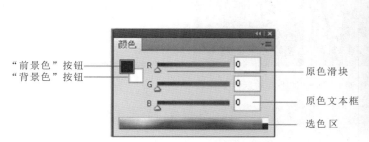

图 6-4 颜色面板

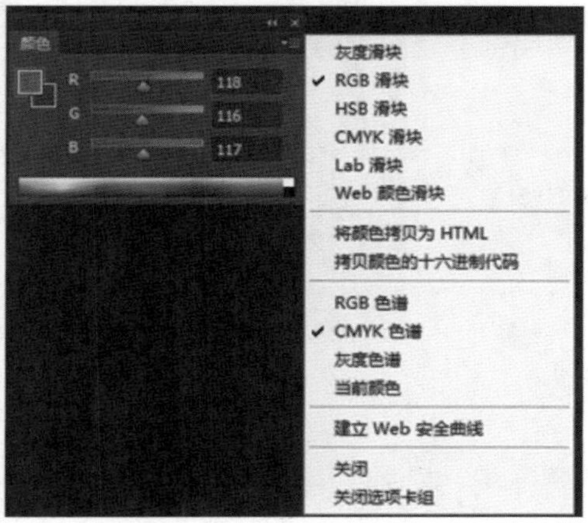

图 6-5 颜色面板菜单

要选择前景色,在颜色面板中单击"前景色"按钮;要选择背景色,在颜色面板中单击"背景色"按钮。

可以拖动原色滑块选取颜色,还可以在原色文本框中输入原色的数值来选取颜色,或者在选色区单击鼠标选取颜色。

3. 色板面板的使用

要简单地选取颜色,可在色板面板中直接单击要选取的颜色,这时选取的颜色显示在前景色区域。如果要将所选颜色设置为背景色,单击工具箱中的"前景色/背景色切换"按钮,使所选颜色出现在背景色中。另外,单击色板面板右上角的黑色三角形按钮,在弹出的菜单中可以选择将色板更换为其中的一种颜色。色板面板如图 6-6 所示。

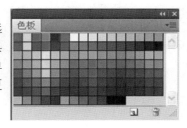

图 6-6 色板面板

4. 吸管工具组的使用

为了准确地选择与图像中某个区域相同的颜色,可以使用工具箱上的

吸管工具  。选择吸管工具后,对准图像中要选取的颜色单击鼠标,如图 6-7 所示。当鼠标在图像中时,会在工具箱的前景色和背景色区域中显示所吸取的颜色。

6.1.2 亮度与对比度 ▼

"亮度/对比度"对话框如图 6-8 所示,在该对话框中可以拖动滑块来调节图像的亮度和对比度。

图 6-7 用吸管工具选取颜色

图 6-8 "亮度/对比度"对话框

亮度：图像调节过程中，向右移动滑块，图像会变得越来越亮；向左移动滑块，图像会变得越来越暗。

对比度：图像调节过程中，向左移动滑块，图像对比度减小；向右移动滑块，图像对比度增大。

图像调整亮度/对比度前后效果比较如图 6-9 所示。

图 6-9　图像调整亮度/对比度前后效果比较

6.1.3　色阶 ▽

色阶是指图像在各种色彩模式下原色的明暗程度，级别范围为 0～255，它决定了图像的明暗程度。要调整图像的明暗程度，选择"图像＞调整＞色阶"命令。"色阶"对话框如图 6-10 所示。

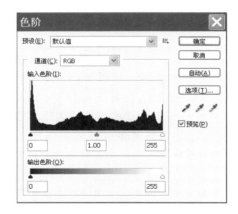

图 6-10　"色阶"对话框

通道：可选择要进行色调调整的颜色通道。

输入色阶：包括最暗调、中间调和最亮调三个文本框，以及滑块和吸管，通过文本框、滑块和吸管设置最暗处、中间色处、最亮处的色调值来调整图像的色调和对比度。

输出色阶：包括暗调和亮调两个文本框以及滑块，通过设置输出色阶的暗调和亮调值可以改变图像的对比度。

图像调整色阶前后效果对比如图 6-11 所示。

(a) 原图　　　　　　　　　　(b) 变亮　　　　　　　　　　(c) 变暗

图 6-11　图像调整色阶前后效果对比

6.1.4 曲线 ▽

曲线是另一种修改色阶的工具。图 6-12 所示为"曲线"对话框,该对话框中心是一条成 45°角的斜线,可以通过拖动这条斜线来调整图像的色阶;或者选择铅笔工具,在网格内画出一条曲线,通过单击右边的"平滑"按钮,可以对画出的曲线进行圆滑处理。

➡ 小技巧

调整过程中可以按住 Alt 键对网格进行"精密"与"普通"的切换。

"曲线"对话框左下方的"输入"代表曲线横轴的值,"输出"代表改变图像色阶后的新值。在输入值与输出值相等的情况下,曲线是一条成 45°角的斜线。当用鼠标调整曲线时,"输入"和"输出"后面会显示光标所在位置的输入值和输出值。用鼠标左键按住控制点并向上移动,图像逐渐变亮。当用鼠标左键按住控制点并向下移动时,图像逐渐变暗,如图 6-13 所示。

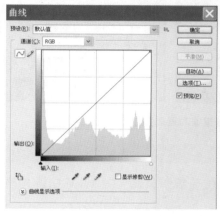

图 6-12 "曲线"对话框

(a) 原图　　　　　(b) 曲线调整后

图 6-13 调节控制点使图像变暗

6.1.5 曝光度 ▽

"曝光度"命令可以很好地调整图像的曝光度。图 6-14 所示为"曝光度"对话框。

曝光度:用来调整色调范围的高光端,对极限阴影的影响很轻微。

位移:可以使阴影和中间调变暗,对高光的影响很轻微。

灰度系数校正:使用简单的乘方函数调整图像灰度系数,负值会被视为它们的相应正值。

吸管工具:用于图像亮度值取样设置,共有 3 个。设置黑场用于设置"位移",同时将单击的像素变为零;设置灰场用于设置"曝光度",同时将单击的像素变为中度灰色。

调整图像曝光度前后效果对比如图 6-15 所示。

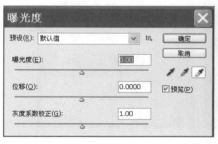

图 6-14 "曝光度"对话框

图 6-15 调整图像曝光度前后效果对比

6.1.6 通道混和器 ▽

通道混和器主要通过混合当前颜色通道中的像素与其他颜色通道中的像素来改变主通道颜色。"通道混和器"对话框如图 6-16 所示。

输出通道:设置要调整的色彩通道,并在其中混合一个或多个现有的通道。

源通道:调整通道的色彩组成成分的值,可以通过拖动滑块来获得预想的色彩。

常数:用来增加该通道的互补颜色成分。输入负值,会增加该通道的互补色;输入正值,会减少该通道的互补色。

单色:对所有通道使用相同的设置,可以将彩色图像变成灰度图像,而色彩模式并不发生改变。

利用通道混和器调整图像前后效果对比如图 6-17 所示。

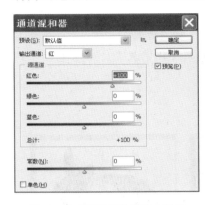  

图 6-16　"通道混和器"对话框　　　　　图 6-17　利用通道混和器调整图像前后效果对比

6.1.7　照片滤镜　▼

照片滤镜支持多款数码相机的 RAW 图像模式,通过模仿传统相机滤镜效果,可获得各种丰富的效果。

照片滤镜功能是通过调节"滤镜"、"颜色"和"浓度"滑块来实现的。"照片滤镜"对话框如图 6-18 所示。

使用:包括"滤镜"和"颜色"选项。

滤镜:在选择不同的滤镜进行照片滤色时,可以在"滤镜"后面的下拉列表框中选择不同的滤色方式。

颜色:可以对不同的颜色进行滤色,需要重新取色时,只要单击右侧的颜色方块,在弹出的拾色器对话框中选择所需颜色即可。

浓度:控制着色的强度,其值越大,滤色效果就越明显。

保留明度:当选中此复选框时,可以在滤色的同时维持原来图像的明暗分布层次。

利用照片滤镜调整图像前后效果对比如图 6-19 所示。

图 6-18　"照片滤镜"对话框　　　　　图 6-19　利用照片滤镜调整图像前后效果对比

6.1.8　阴影与高光　▼

阴影/高光能快速改善图像曝光过度或曝光不足区域的对比度,同时保持照片整体平衡。"阴影/高

光"对话框如图 6-20 所示。

阴影：右移滑块，图像会变亮；左移滑块，图像会变暗。

高光：向左移滑块，图像高光减弱；向右移滑块，图像高光增强。

显示更多选项：当选中此选项后，可以显示更多的调节选项，如图 6-21 所示。

图 6-20 "阴影/高光"对话框 　　　　图 6-21 选中"显示更多选项"后的"阴影/高光"对话框

调整图像阴影/高光前后效果对比如图 6-22 所示。

图 6-22 调整图像阴影/高光前后效果对比

6.1.9 可选颜色 ▼

调整可选颜色是指对图像的某种色系进行调整，主要用于 CMYK 模式的图像调色。选择"图像＞调整＞可选颜色"命令，即可弹出"可选颜色"对话框，如图 6-23 所示。

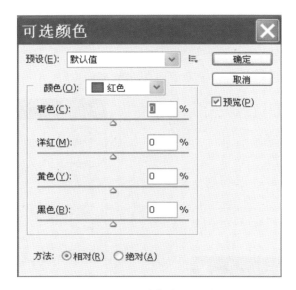

图 6-23 "可选颜色"对话框

颜色:从下拉列表框中选择要进行调整的主色。

色彩成分:通过青色、洋红、黄色、黑色 4 种印刷基本色调滑块,调节它们在选定的主色中的成分。

方法:选择"相对"或"绝对"选项,以确定增减每种印刷色调的相对或绝对含量。"相对"是以目前的颜色作为调整比例标准,"绝对"是以滑块所在的位置作为调整比例标准。图 6-24 所示为图像改变可选颜色前后效果对比。

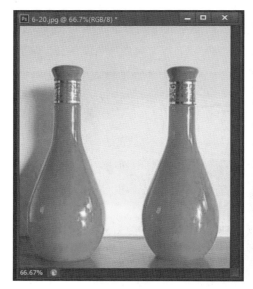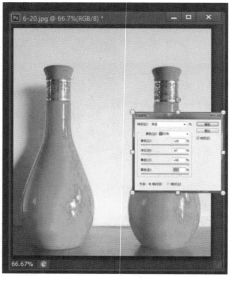

图 6-24 图像改变可选颜色前后效果对比

➡小技巧

在"相对"模式下,不能对纯白色进行编辑,因为此像素没有包含在任何颜色中。选择颜色时,在 CMYK 模式下,一些近似黑色的区域并不单纯是黑色,而是包含了洋红、黄色、青色等的混合色,因此在处理黑色区域时要特别小心。

6.1.10 变化 ▼

变化是用起来最简单、直观、基本的命令,可以直接在"变化"对话框中选择所需要的色彩图像。"变

化"命令对不要求精确调整的图像最适合。

"变化"对话框如图 6-25 所示。

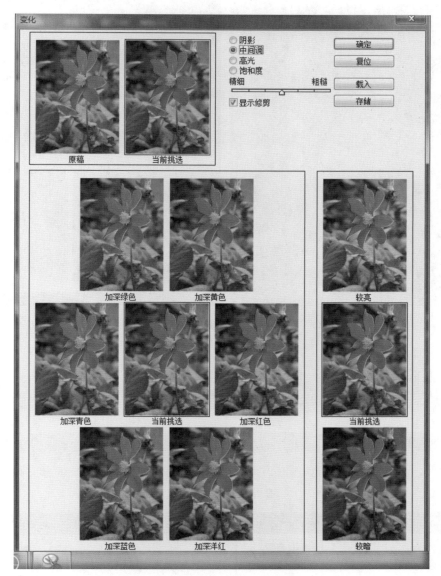

图 6-25 "变化"对话框

阴影:调整图像的暗色调。

中间调:调整图像的中间调。

高光:调整图像的亮色调。

饱和度:调整图像的饱和度。

精细/粗糙:修订色彩变化级别。向"精细"拖动,图像各色彩差别减小;向"粗糙"拖动,图像色彩差别加大。

显示修剪:当图像颜色超出范围时,图像将以反色显示。

"变化"对话框中的小图像包括"原稿""当前挑选""加深绿色""加深黄色""加深青色""加深红色""加深蓝色""加深洋红""较亮""较暗"等,单击这些小图像,会出现相应操作,例如单击"加深青色"小图像,则除"原稿"外,所有小图像都添加青色。

利用"变化"命令调整图像前后效果对比如图 6-26 所示。

图 6-26 利用"变化"命令调整图像前后效果对比

任务 2 项目实施

6.2.1 创建贺卡封面颜色 ▼

(1) 新建文件,大小为 A4 大小,如图 6-27 所示。执行"图像>图像旋转>90 度(顺时针)"命令,旋转画布。设置前景色为绿色,如图 6-28 所示,填充背景底色。

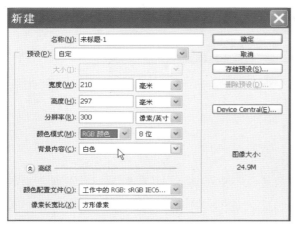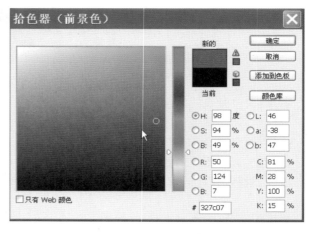

图 6-27 新建文件 1 图 6-28 设置前景色 1

(2) 在图层面板中新建图层,用矩形选框工具 ⬚ 绘制出一个矩形,在工具箱中选择渐变工具 ⬚ ,在其属性栏中设置渐变类型为"径向渐变",如图 6-29 所示。单击渐变工具属性栏中的渐变颜色图标,弹出"渐变编辑器"对话框,设置渐变颜色为(R:140,G:189,B:75),(R:50,G:124,B:7),如图 6-30 所示。

填充径向渐变,取消选区。渐变填充效果如图 6-31 所示。

图 6-29　设置渐变类型 1

（3）新建图层,用矩形选框工具  在画面中间位置绘制出一个矩形,设置填充颜色为（R:143,G:192,B:77）,填充此颜色,取消选区。填充效果如图 6-32 所示。

图 6-30　设置渐变颜色 1　　　　图 6-31　渐变填充效果 1　　　　图 6-32　填充效果

（4）新建图层,用矩形选框工具 在画面右边位置绘制出一个长方形,选择渐变工具 ,在其属性栏中设置渐变类型为"线性渐变",如图 6-33 所示。单击渐变工具属性栏中的渐变颜色图标,弹出"渐变编辑器"对话框,设置渐变颜色为"前景色到透明渐变",前景色为（R:155,G:199,B:26）,如图 6-34 所示。使用渐变工具,在选区中由上至下拖动鼠标,渐变填充效果如图 6-35 所示。按快捷键 Ctrl＋D 取消选区。

图 6-33　设置渐变类型 2

图 6-34　设置渐变颜色 2　　　　图 6-35　渐变填充效果 2

6.2.2　制作封面图片效果　▽

（1）打开项目 6 素材中的"银色球"图片，用魔棒工具  选取图 6-36 所示的图形选区。执行"选择＞修改＞羽化"命令，进行羽化。选择移动工具 ，将羽化后的图形选区剪切至"圣诞贺卡"文件中，如图 6-37 所示。

图 6-36　选取图形选区 1　　　　图 6-37　将羽化后的图形选区剪切至"圣诞贺卡"文件中

（2）选中银色球图形，再执行"图像＞调整＞照片滤镜"命令，设置照片滤镜参数，如图 6-38 所示，图像执行"照片滤镜"命令后的效果如图 6-39 所示。

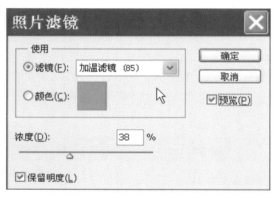

图 6-38　设置照片滤镜参数　　　　图 6-39　执行"照片滤镜"命令后的效果

（3）选择银色球图形进行复制和粘贴，如图 6-40 所示。

（4）新建图层，用矩形选框工具 绘制出几个长方形，设置填充颜色为（R:143,G:192,B:77），填充此颜色。取消选区，调整长方形呈线条状，如图 6-41 所示。

图 6-40　复制和粘贴图形　　　　图 6-41　绘制线条

（5）打开项目 6 素材中的"橄榄叶"图片，用魔棒工具 ![魔棒图标] 选取图 6-42 所示的图形选区。执行"选择＞修改＞羽化"命令，进行羽化。选择移动工具 ![移动图标] ，将羽化后的图形选区剪切至"圣诞贺卡"文件中。选中此图形，再执行"图像＞调整＞亮度/对比度"命令，设置亮度/对比度参数，如图 6-43 所示，图像执行"亮度/对比度"命令后的效果如图 6-44 所示。

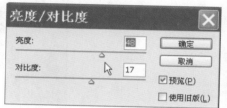

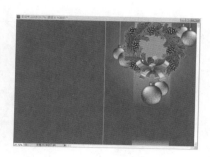

图 6-42　选取图形选区 2　　　　图 6-43　设置亮度/对比度参数　　　　图 6-44　执行"亮度/对比度"命令后的效果

（6）打开项目 6 素材中的"文字"图片，用魔棒工具 ![魔棒图标] 选取图 6-45 所示的图形选区。选择移动工具 ![移动图标] ，将图形选区剪切至"圣诞贺卡"文件中，如图 6-46 所示。

图 6-45　选取图形选区 3　　　　　　　图 6-46　将图形选区剪切至"圣诞贺卡"文件中

（7）用魔棒工具 ![魔棒图标] 选取文字图形，选择渐变工具 ![渐变图标] ，在其属性栏中设置渐变类型为"线性渐变"，单击渐变工具属性栏中的渐变颜色图标，弹出"渐变编辑器"对话框，设置图 6-47 所示的多种颜色的渐变填充。使用渐变工具，在选区中由上至下拖动鼠标，进行线性渐变填充。按快捷键 Ctrl＋D 取消选区。添加"投影"图层样式，设置投影参数，如图 6-48 所示。添加"投影"图层样式后效果如图 6-49 所示。

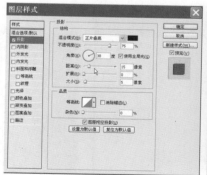

图 6-47　设置多种颜色的渐变填充　　　图 6-48　设置投影参数　　　图 6-49　添加"投影"图层样式后的效果

（8）打开项目 6 素材中的"圣诞树"图片，用魔棒工具 ![魔棒] 选取图 6-50 所示的图形选区。执行"选择＞修改＞羽化"命令，进行羽化。选择移动工具 ![移动]，将羽化后的图形选区剪切至"圣诞贺卡"文件中。选中此图形，再执行"图像＞调整＞曲线"命令，设置曲线参数，如图 6-51 所示，图像执行"曲线"命令后的效果如图 6-52 所示。

图 6-50　选取图形选区 4　　　　　图 6-51　设置曲线参数　　　　　图 6-52　执行"曲线"命令后的效果

（9）选中圣诞树图形，再执行"编辑＞变换＞缩放"命令，调整圣诞树大小，如图 6-53 所示，将圣诞树复制粘贴到画面左边下方位置，效果如图 6-54 所示。

图 6-53　调整圣诞树大小　　　　　　图 6-54　复制粘贴圣诞树

（10）打开项目 6 素材中的"圣诞老人 1"图片，用魔棒工具 ![魔棒] 选取图 6-55 所示的图形选区。执行"选择＞修改＞羽化"命令，进行羽化。选择移动工具 ![移动]，将羽化后的图形选区剪切至"圣诞贺卡"文件中。选中此图形，再执行"图像＞调整＞可选颜色"命令，设置可选颜色参数，如图 6-56 所示，图像执行"可选颜色"命令后的效果如图 6-57 所示。

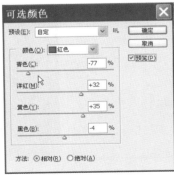

图 6-55　选取图形选区 5　　　　图 6-56　设置可选颜色参数　　　　图 6-57　执行"可选颜色"命令后的效果

（11）选择画笔工具，在画笔工具属性栏中设置画笔类型，选择"混合画笔"，如图 6-58 所示。在混合画笔面板中选择"雪花"笔触，并调节画笔的大小，如图 6-59 所示。设置笔触颜色为白色，在贺卡上绘制出雪花效果，如图 6-60 所示。

图 6-58　选择"混合画笔"1

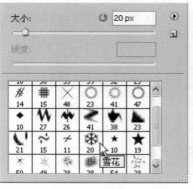

图 6-59　选择"雪花"笔触并调节画笔的大小 1

图 6-60　绘制雪花效果

6.2.3　添加封面文字效果 ▼

（1）在工具箱中选择横排文字工具 $\boxed{T}$，在其属性栏中单击文字颜色色块，设置文字颜色为（R：155，G：199，B：26），其他设置如图 6-61 所示。

图 6-61　设置文字参数 1

（2）输入"Merry Christmas"，如图 6-62 所示。

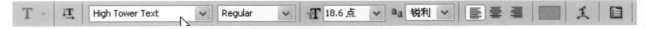

图 6-62　输入"Merry Christmas"

（3）在工具箱中选择横排文字工具 $\boxed{T}$，在其属性栏中单击文字颜色色块，设置文字颜色为（R：155，G：199，B：26），其他设置如图 6-63 所示。

图 6-63　设置文字参数 2

（4）输入"I wish you happy every day"，如图 6-64 所示。

图 6-64　输入"I wish you happy every day"1

（5）分别将文字放置在图 6-65 所示的位置，选择"文件＞保存"命令，将该文件进行保存。

图 6-65　放置文字

6.2.4　制作封面立体特效 ▽

（1）新建文件，在工具箱中选择渐变工具 ，在其属性栏中设置渐变类型为"径向渐变"，渐变颜色由白色渐变至浅灰色，渐变填充效果如图 6-66 所示。

（2）将圣诞贺卡平面效果图移至新建文件中，如图 6-67 所示。

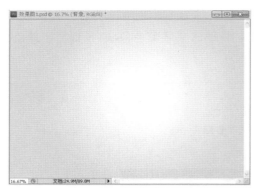

图 6-66　渐变填充效果 1　　　　　　图 6-67　将贺卡平面效果图移至新建文件中

（3）选中圣诞贺卡平面效果图，将其复制粘贴，选择"编辑＞变换＞垂直翻转"命令，翻转画面。在图层面板中调节不透明度，如图 6-68 所示。圣诞贺卡封面立体效果如图 6-69 所示。保存文件。

（4）选择"编辑＞变换＞缩放、透视"命令，对圣诞贺卡平面图进行调整，调整图层的不透明度，做出投影的效果。圣诞贺卡封面合成效果如图 6-70 所示。

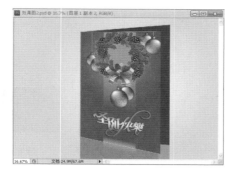

图 6-68　调节不透明度 1　　　　图 6-69　圣诞贺卡封面立体效果　　　图 6-70　圣诞贺卡封面合成效果

6.2.5　填充贺卡内页颜色　▼

（1）新建文件，大小为 A4 大小，如图 6-71 所示。选择"图像＞图像旋转＞90 度（顺时针）"命令，旋转画布。设置前景色为绿色，如图 6-72 所示。填充贺卡内页底色，如图 6-73 所示。

图 6-71　新建文件 2　　　　　　图 6-72　设置前景色 2　　　　　图 6-73　填充贺卡内页底色

（2）在图层面板中新建图层，用矩形选框工具 [□] 绘制出一个矩形，填充颜色为（R：154，G：197，B：29），调整矩形大小，如图 6-74 所示。

（3）在图层面板中新建图层，用矩形选框工具 [□] 绘制出一个矩形，填充颜色为白色，调整矩形成白色线条，如图 6-75 所示。

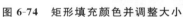　　

图 6-74　矩形填充颜色并调整大小　　　　图 6-75　绘制白色线条

6.2.6　制作内页图片效果　▼

（1）打开项目 6 素材中的"圣诞老人 2"图片，用魔棒工具 选取图 6-76 所示的图形选区。选择移动工具 ，将图形选区剪切至"圣诞贺卡内页"文件中，效果如图 6-77 所示，调整图层面板中上下图层的位置。

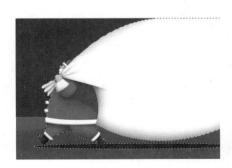　　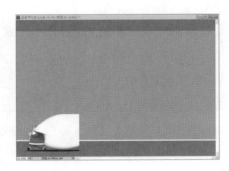

图 6-76　选取图形选区 6　　　　图 6-77　将图形选区剪切至"圣诞贺卡内页"文件中

（2）用橡皮擦工具 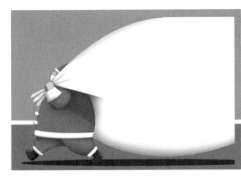 对图像进行修改，图像修改前后效果对比如图 6-78 所示。

图 6-78　图像修改前后效果对比

（3）选中此图像，再选择"图像＞调整＞阴影/高光"命令，设置阴影/高光参数，如图 6-79 所示。图像执行"阴影/高光"命令后的效果如图 6-80 所示。选择"编辑＞变换＞缩放"命令，调整图像大小，如图 6-81所示。

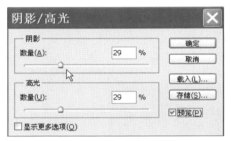

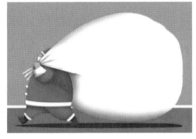

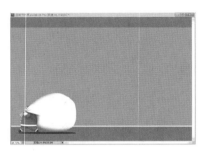

图 6-79　设置阴影/高光参数　　图 6-80　图像执行"阴影/高光"命 　　图 6-81　调整图像大小
令后的效果

（4）打开项目 6 素材中的"路牌"图片，用魔棒工具 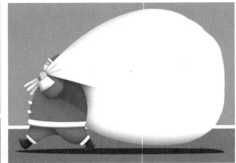 选取图 6-82 所示的图形选区。选择移动工具，将图形选区剪切至"圣诞贺卡内页"文件中。选中此图形，再选择"图像＞调整＞曝光度"命令，设置曝光度参数，如图 6-83 所示。图像执行"曝光度"命令后的效果如图 6-84 所示。

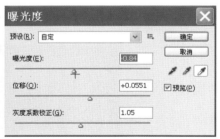

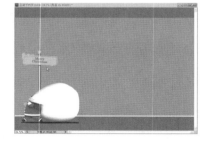

图 6-82　选取图形选区 7　　图 6-83　设置曝光度参数　　图 6-84　图像执行"曝光度"
命令后的效果

（5）在图层面板中新建图层，选择画笔工具，在画笔工具属性栏中设置画笔类型，选择"混合画笔"，如图 6-85 所示。在混合画笔面板中选择"雪花"笔触，并调节画笔的大小，如图 6-86 所示。设置笔触颜色

为白色,在贺卡内页上绘制出雪花效果,如图 6-87 所示。

图 6-85　选择"混合画笔"2

图 6-86　选择"雪花"笔触并调节
画笔的大小 2

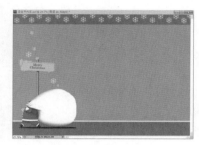

图 6-87　在贺卡内页上绘制出
雪花效果

6.2.7　添加内页文字效果 ▼

（1）在工具箱中选择横排文字工具 **T**,在其属性栏中单击文字颜色色块,设置文字颜色为黑色,其他设置如图 6-88 所示。

图 6-88　设置文字参数 3

（2）输入"I wish you happy every day",如图 6-89 所示。

I wish you happy every day

图 6-89　输入"I wish you happy every day"2

（3）将文字旋转,并将其放置在图 6-90 所示的贺卡内页位置,选择"文件＞保存"命令,将该文件保存。

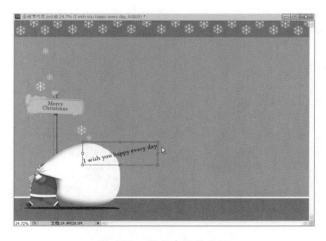

图 6-90　贺卡内页效果图

6.2.8　制作内页立体特效　▽

（1）新建文件，在工具箱中选择渐变工具 ⬜ ，在其属性栏中设置渐变类型为"径向渐变"，渐变颜色由白色渐变至浅灰色，渐变填充效果如图 6-91 所示。

（2）将贺卡内页效果图移至新建文件中，如图 6-92 所示。

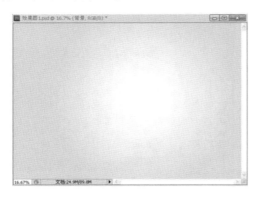
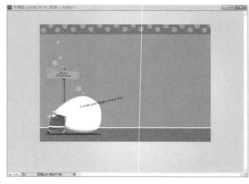

图 6-91　渐变填充效果 2　　　　　图 6-92　将贺卡内页效果图移至新建文件中

（3）选择贺卡内页效果图，将其复制粘贴，选择"编辑＞变换＞垂直翻转"命令，翻转画面。在图层面板中调节不透明度，如图 6-93 所示。贺卡内页立体效果如图 6-94 所示。保存该文件。

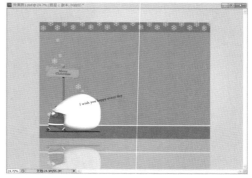

图 6-93　调节不透明度 2　　　　　图 6-94　贺卡内页立体效果

（4）选择"编辑＞变换＞缩放、透视"命令，对贺卡内页效果图进行调整，调整图层的不透明度，做出投影的效果。贺卡内页合成效果如图 6-95 所示。

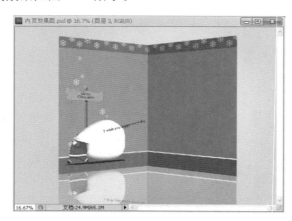

图 6-95　贺卡内页合成效果

项目小结

　　色彩是构成图像的主要元素。通过本项目的学习,应该初步掌握色彩理论基础知识,懂得如何使用"图像＞调整"命令进行色彩调整,使用"亮度/对比度"命令从总体上对图像色彩进行粗略调整,使用"曲线""照片滤镜""可选颜色"命令对图像色彩进行精细调整。掌握好这些色彩调整命令,能有效地控制好色彩,制作出高品质图像效果,使作品更加美观。

练习题

1.什么是色彩的对比度?

2.什么是色彩的饱和度?

3.什么是色相?

4.在 Photoshop CS6 软件中怎样打开"亮度/对比度"对话框和"曲线"对话框?

5.请简述贺卡设计的特征及原则。

6.请用 Photoshop CS6 设计图 6-96 所示的生日贺卡效果图。

图 6-96　生日贺卡效果图

项目 7

设计制作网页界面

SHEJI ZHIZUO
WANGYE JIEMIAN

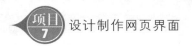

任务描述

所有的 Photoshop 滤镜在数学方面的运算都是很复杂的。当选择一种滤镜并运用到图像中时,滤镜通过分析图像或选择区域中的色度值和每个像素位置,采用数学方法进行计算,并用计算结果代替原来的像素,从而使图像生成随机化或预先确定的形状。滤镜在计算过程中消耗相当大的内存资源,在处理一些较大的图像文件时非常耗时,有时甚至会弹出对话框提示用户资源不足。

在越来越多的人使用互联网的过程中,网页设计成为人们越来越关注的内容。如何制作一个精美的网页,如何使所做的网页在互联网浩瀚的海洋中脱颖而出,成为时下人们越来越关注的问题。本项目主要通过滤镜来制作唯美背景网页。唯美背景网页效果如图 7-1 所示。

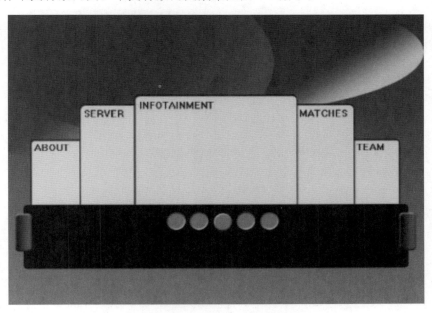

图 7-1　唯美背景网页效果

学习目标

- 了解滤镜的工作原理;
- 掌握"风格化"滤镜的使用;
- 掌握"像素化"滤镜的使用;
- 了解网页背景设计的特征;
- 掌握"模糊"滤镜的使用;
- 掌握切片工具的使用。

≫≫ 任务1　相关知识

在 Photoshop 中,滤镜是图像处理的"灵魂",它可以编辑当前可见图层或图像选区内的图像,将其制作成各种特效。滤镜的工作原理是利用对图像中像素的分析,按每种滤镜的特殊数学算法进行像素色彩、亮度等参数的调节,从而完成原图像部分或全部像素属性参数的调节或控制,其结果是使图像明显化或实现图像的变形。

7.1.1　滤镜的工作原理 ▼

在 Photoshop CS6 中,滤镜的功能很强大,使用起来却不复杂。要使用滤镜,只需在"滤镜"菜单中选择相应的子菜单命令即可。

7.1.2 "液化"滤镜 ▼

（1）打开项目 7 素材中的"花 1"图片，如图 7-2 所示；选择"滤镜＞液化"命令，如图 7-3 所示，弹出"液化"对话框。

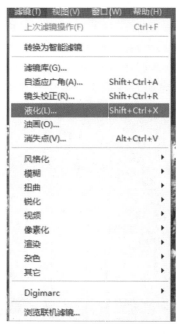

图 7-2 "花 1"图片 **图 7-3 "液化"命令**

利用"液化"命令可制作出各种类似液化的效果，可以推、拉、反射、旋转、膨胀和折叠图像的任意区域。图像的扭曲变形既可以非常细微，也可以十分明显。下面根据一个实例来详细讲解"液化"滤镜。

选择"滤镜＞液化"命令，或按快捷键 Shift＋Ctrl＋X，弹出图 7-4 所示的"液化"对话框。

图 7-4 "液化"对话框

（2）下面来看一下液化工具组中各工具的含义。

向前变形工具 ：选择此工具后，按住鼠标左键可随意拖动图像中的像素。

重建工具 ：选择此工具后，按住鼠标左键拖动，可把已经变形的图像恢复为原图。

旋转工具 ：选择此工具后，按住鼠标左键拖动，可顺时针旋转图像。如要逆时针旋转图像，在按住鼠标左键的同时按住 Alt 键。

褶皱工具 ![]:选择此工具后,按住鼠标左键拖动,使图像朝着画笔区域的中心移动。

膨胀工具 ![]:选择此工具后,按住鼠标左键拖动,使图像向离开画笔区域的方向移动。

左推工具 ![]:选择此工具后,按住鼠标左键,从左向右拖动、从右向左拖动、从上往下拖动、从下往上拖动,图像的移动方向均不同。

缩放工具 ![]:该工具可放大图片,单击右键可设置图片大小的百分比,当图片放大后可以更细致地结合其他功能设置图片的细节。

冻结蒙版工具 ![]:该工具可使图像的局部(或全部)产生蒙版效果;对该图像进行扭曲变形时,处于蒙版中的图像不会发生变化。

解冻蒙版工具 ![]:该工具可以将图像中使用冻结蒙版工具的区域取消。

抓手工具 ![]:该工具能在放大的预览图像中进行拖动,从而观察图像的其他部分。

➡ 小技巧

可以在使用任何工具时按住空格键切换为抓手工具,并在预览图像中拖动鼠标即可。

(3)通过实例来了解液化工具组的用途。在"花 1"图片中,选择液化工具组中的向前变形工具 ![],按住鼠标左键拖动图像中的像素,图像发生扭曲变形,如图 7-5 所示。

(4)打开项目 7 素材中的"竹篓"图片,如图 7-6 所示。

图 7-5　使用向前变形工具后的图像　　　图 7-6　"竹篓"图片

选择"滤镜＞液化"命令,或按快捷键 Shift＋Ctrl＋X,弹出"液化"对话框。在液化工具组里选择冻结蒙版工具 ![],给中心位置设置蒙版,如图 7-7 所示。

使用液化工具组中的左推工具 ![],按住鼠标左键,从右向左推动,竹篓被冻结蒙版工具遮盖的区域不会发生任何变化,如图 7-8 所示。

 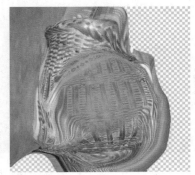

图 7-7　竹篓使用冻结蒙版工具后的效果　　　图 7-8　竹篓使用左推工具后的效果

7.1.3 "风格化"滤镜 ▽

选择"滤镜＞风格化"命令,弹出子菜单,共包括 8 个滤镜,如图 7-9 所示。

打开项目 7 素材中的"建筑 1"图片,如图 7-10 所示。

图 7-9 "风格化"滤镜　　　　　图 7-10 "建筑 1"图片

各个滤镜的效果如图 7-11 至图 7-18 所示。

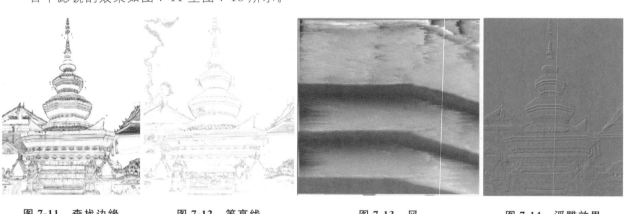

图 7-11 查找边缘　　　图 7-12 等高线　　　图 7-13 风　　　图 7-14 浮雕效果

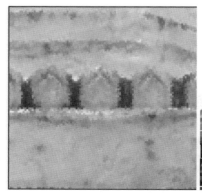

图 7-15 扩散　　　　图 7-16 拼贴　　　　图 7-17 曝光过度　　　　图 7-18 凸出

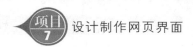

1. 查找边缘

"查找边缘"滤镜可以搜索图像中主要颜色变化区域并强化其过渡像素,产生一种用铅笔勾勒轮廓的效果。

2. 等高线

"等高线"滤镜用于查找图像中主要亮度区域,并勾勒主要亮度区域,以获得与等高线图章的线条类似的效果。"等高线"对话框中各选项的含义如下。

"色阶"选项用于调整当前图像等高线的色阶。

"边缘"选项用于选择边缘特性。

3. 风

"风"滤镜用于在图像中创建水平线,以模拟风的动感效果,它是制作纹理或为文字添加阴影效果时常用的滤镜工具。"风"对话框中各选项的含义如下。

"方法"选项中的"风"是计算机默认的一种风,"大风"的效果好一些,"飓风"的效果特别好。

"方向"选项用于调整风的方向。

4. 浮雕效果

"浮雕效果"滤镜通过勾画图像的轮廓和降低周围色值来产生灰色的浮雕效果。"浮雕效果"对话框中各选项的含义如下。

"角度"选项用于调整当前图像浮雕的角度。

"高度"选项用于调整当前图像凸出的厚度。

"数量"选项的数值越大,图片本身的纹理越清晰。

5. 扩散

"扩散"滤镜通过移动像素或明暗互换,使图像看起来像是透过磨砂玻璃观察的模糊效果。"扩散"对话框中各选项的含义如下。

"模式"选项中,"正常"使图像中的像素随机移动,忽略图像的颜色值;"变暗优先"使图像中较暗的像素替代较亮的像素;"变亮优先"使图像中较亮的像素替代较暗的像素;"各向异性"把图像中的颜色重新以渐变的方式排列。

6. 拼贴

"拼贴"滤镜可以将图像分成瓷砖方块,并使每个方块上都有部分图像。"拼贴"对话框中各选项的含义如下。

"拼贴数"选项用于调整当前图像的拼贴数量。

"最大位移"选项用于调整当前图像拼贴之间的距离。

7. 曝光过度

"曝光过度"滤镜产生图像正片和负片混合的效果,类似于摄影中的底片曝光。

8. 凸出

"凸出"滤镜根据对话框中设置的不同选项,为选区或图层制作一系列的块或金字塔的三维纹理。"凸出"对话框中各选项的含义如下。

"类型"选项用于选择凸出的类型,块或金字塔。

"大小"选项用于设置块状或金字塔的底面大小。

"深度"选项用于设置图像从平面凸起的深度。

7.1.4 "模糊"滤镜 ▼

选择"滤镜＞模糊"命令,弹出子菜单,共包括 14 个滤镜,如图 7-19 所示。

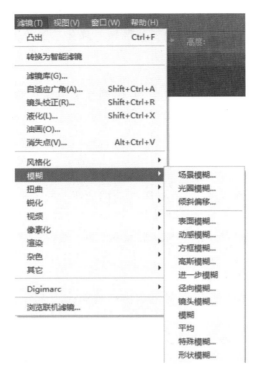

图 7-19　"模糊"滤镜

打开项目 7 素材中的"花 2"图片，如图 7-20 所示。

各个滤镜的效果如图 7-21 至图 7-34 所示。

图 7-20　"花 2"图片　　图 7-21　场景模糊　　图 7-22　光圈模糊　　图 7-23　倾斜偏移

图 7-24　表面模糊　　图 7-25　动感模糊　　图 7-26　方框模糊　　图 7-27　高斯模糊

图 7-28　进一步模糊　　　图 7-29　径向模糊　　　图 7-30　镜头模糊　　　图 7-31　模糊

图 7-32　平均　　　　图 7-33　特殊模糊　　　图 7-34　形状模糊

　　在 Photoshop CS5 中，为照片添加真实的景深效果比较复杂，需要通过外置滤镜以及在通道中通过绘制模糊蒙版来得到真实的景深效果，不仅操作复杂，外置滤镜计算速度也非常缓慢，这让许多希望在后期创建景深效果的用户望而生畏。

　　在 Photoshop CS6 的模糊滤镜中，包含了三个全新的模糊命令：场景模糊、光圈模糊和倾斜偏移。在 Photoshop CS6 中，场景模糊、光圈模糊和倾斜偏移三个模糊命令共用一个面板，可以很容易进行模糊命令切换和选择不同的模糊命令。

　　1. 场景模糊

　　"场景模糊"滤镜可以对图片进行焦距调整，这跟我们拍摄照片的原理一样，选择好相应的主体后，主体之前及之后的物体就会相应地模糊。选择的镜头不同，模糊的方法也略有差别。不过"场景模糊"滤镜可以对一幅图片的全局或多个局部进行模糊处理。

　　"场景模糊"滤镜通过添加不同的控制点并设置每个点作用的模糊强度来控制景深的特效，制作有层次的浅景深效果。

　　2. 光圈模糊

　　"光圈模糊"滤镜相对于"场景模糊"滤镜的使用方法要简单很多。通过控制点选择模糊位置，然后通过调整范围框控制模糊作用范围，再利用面板设置模糊的强度，以控制形成景深的浓重程度。在模糊范围和模糊控制点之间有四个控制点，这些点为模糊起始点，用来控制模糊过渡，增加创造的光圈模糊效果的真实性。

　　3. 倾斜偏移

　　"倾斜偏移"滤镜用来模拟移轴镜头的虚化效果。"倾斜偏移"滤镜与"光圈模糊"滤镜其实并没有本质上的差别（指模糊方式上），只是可以控制的区域由椭圆形变成了平行线。中央圆圈上下共有 4 条直线,它们定义了从清晰(原图)到模糊区的过渡范围,同样可以改变模糊的程度,这 4 条水平直线可以转动倾斜。

4. 表面模糊

"表面模糊"滤镜会使图像中的部分细节消失,像素间颜色互相融合,削弱相邻像素间的对比度。"表面模糊"对话框中各选项的含义如下。

"半径"选项用于设置该滤镜中每个像素进行亮度分析的距离范围。该选项数值越大,像素颜色越融合。

"阈值"选项用于设置要分析的像素,取值越大,分析的像素就越多,图像就越模糊。

5. 动感模糊

"动感模糊"滤镜可产生动态模糊的效果,它可以模拟拍摄处于运动状态物体的照片效果。"动感模糊"对话框中各选项的含义如下。

"角度"选项用于设置动感模糊的方向,设置角度之后,即可产生向某一方向运动的效果。

"距离"选项用于设置像素移动的距离,即模糊强度。该选项数值越大,模糊强度越强,反之所产生的模糊程度越弱。

6. 方框模糊

"方框模糊"滤镜对图像进行相邻像素的运算,从而去除杂色,可用于制作雨季透过玻璃的摄像虚化效果等。"方框模糊"对话框中各选项的含义如下。

"半径"选项用于保留图像边缘,对图像做模糊效果。该选项数值越大,图像越模糊。

7. 高斯模糊

"高斯模糊"滤镜利用高斯曲线的分布模式有选择性地模糊图像。该滤镜的模糊程度比较强烈,容易使图像产生难以辨认的模糊效果。"高斯模糊"对话框中"半径"选项的含义如下。

"半径"选项用于调节和控制选区或当前处理图像的模糊程度,所取数值越大,产生的模糊效果越强。

8. 进一步模糊

"进一步模糊"滤镜所产生的效果不够明显,因此其用途也不广泛,在此不做重点介绍。

9. 径向模糊

"径向模糊"滤镜能够产生旋转模糊或放射模糊的效果,可模拟摄影中的动感镜头。"径向模糊"对话框中各选项的含义如下。

"数量"选项用于设置径向模糊的强度,所取数值越大,模糊效果越明显。

"模糊方法"选项用于设置模糊的效果,包括"旋转"和"缩放"两个选项。选择"旋转"选项,图像产生旋转模糊的效果;选择"缩放"选项,图像会产生放射状模糊的效果。

10. 镜头模糊

"镜头模糊"滤镜模拟图像使用镜头模糊处理,使图像产生用镜头观察时的景深模糊效果。"镜头模糊"对话框中各选项的含义如下。

"深度映射"中的"模糊焦距"滑块可以设置位于焦点内像素的深度。"源"弹出式菜单中,如果把"源"设置为"无",则此选项不可用;如果设置为"透明度",则模糊焦距为 0 时图像最模糊,模糊焦距为 255 时图像最清晰;如果设置为"图层蒙版",则模糊焦距为 255 时图像最模糊,模糊焦距为 0 时图像最清晰。

"光圈"选项用于设置观察图像时光圈的数值。在"形状"弹出式菜单中选择一种形状。可通过"叶片弯度"滑块消除光圈的边缘。如果要添加更多的模糊效果,可调整"半径"滑块。

"镜面高光"选项用于设置观察图像时镜头的高光。

11. 模糊

"模糊"滤镜的模糊效果非常细微,该滤镜用途不广泛,在此不做具体介绍。

12. 平均

"平均"滤镜可以将图像中的所有颜色平均为一种颜色,该滤镜用途不广泛,在此不做具体介绍。

13. 特殊模糊

"特殊模糊"滤镜相对于其他模糊滤镜而言,可以产生一种边界清晰的模糊效果。该滤镜可以找出图像的边缘,并模糊图像边缘线以内的区域。"特殊模糊"对话框中各选项的含义如下。

"半径"选项用于设置辐射范围的大小。

"阈值"选项用于设置入口模糊。所取数值较小时,能够找出更多的边缘,此时模糊的效果很微小;反之,虽然找到较少的边缘,但模糊效果很明显。

"特殊模糊"滤镜最特别之处在于它提供了"模式"选项,其中包括"正常"、"仅限边缘"和"叠加边缘",大家可以自行尝试。

14. 形状模糊

"形状模糊"滤镜以形状作为模糊的元素,所做的图像带有所选的形状元素。"形状模糊"对话框中"半径"选项的含义如下。

"半径"用于设置模糊的强度,所取数值越大,图像越模糊。在"形状模糊"对话框下方有可选模糊样式的图形,用户可根据需要自行选择。

7.1.5 "纹理"滤镜 ▼

选择"滤镜＞滤镜库＞纹理"命令,弹出子菜单,共包括 6 个滤镜,如图 7-35 所示。

打开项目 7 素材中的"花 3"图片,如图 7-36 所示。

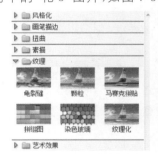

图 7-35 "纹理"滤镜　　　　图 7-36 "花 3"图片

各个滤镜的效果如图 7-37 至图 7-42 所示。

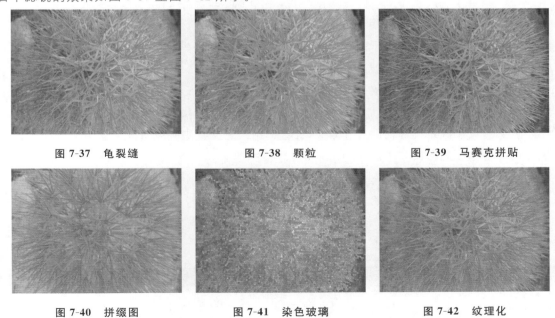

图 7-37 龟裂缝　　　　图 7-38 颗粒　　　　图 7-39 马赛克拼贴

图 7-40 拼缀图　　　　图 7-41 染色玻璃　　　　图 7-42 纹理化

1.龟裂缝

"龟裂缝"滤镜可产生将图像弄皱后所具有的凹凸不平的皱纹效果,与龟甲上的纹路十分相似。其参数设置界面中各选项的含义如下。

"裂缝间距"选项用于设置裂纹间隔距离。

"裂缝深度"选项用于设置裂纹深度。

"裂缝亮度"选项用于设置裂纹亮度。

2.颗粒

"颗粒"滤镜可以在图像中随机加入不规则的颗粒来产生颗粒纹理的效果。其参数设置界面中各选项的含义如下。

"强度"选项用于设置颗粒密度,所取数值越大,图像中的颗粒越多。

"对比度"选项用于设置颗粒明暗的对比度。

"颗粒类型"包括"常规""柔和""喷洒"等 10 种选项。

3.马赛克拼贴

"马赛克拼贴"滤镜可产生分布均匀但形状不规则的马赛克拼贴效果。其参数设置界面中各选项的含义如下。

"拼贴大小"选项用于设置贴块大小。

"缝隙宽度"选项用于调整贴块间拼贴间距的宽度。

"加亮缝隙"选项用于设置间隔加亮程度。

4.拼缀图

"拼缀图"滤镜在"马赛克拼贴"滤镜的基础上增加了一些立体感,使用时图像产生一种类似于建筑物上使用瓷砖拼成图像的效果。其参数设置界面中各选项的含义如下。

"方形大小"选项用于调整拼缀图每个小平方的大小。

"凸现"选项用于调整小平方凸出的厚度。

5.染色玻璃

"染色玻璃"滤镜可以产生不规则的分离的彩色玻璃格子,每一格的颜色由该格的平均颜色来确定,格子之间的间隔用前景色填充。其参数设置界面中各选项的含义如下。

"单元格大小"选项用于设置格子的大小。

"边框粗细"选项用于设置染色玻璃边框的宽度。

"光照强度"选项用于设置照射格子的虚拟灯光的强度。

6.纹理化

"纹理化"滤镜可生成系统提供的纹理效果,或根据另一个文件的亮度值向图像中添加纹理效果。其参数设置界面中各选项的含义如下。

"纹理"选项用于设置纹理类型。

"缩放"选项用于调整纹理尺寸的大小。

"凸现"选项用于凸出当前的纹理。

"光照"选项用于设置光照方向。

7.1.6 "渲染"滤镜 ▼

选择"滤镜＞渲染"命令,弹出子菜单,共包括 5 个滤镜,如图 7-43 所示。

图 7-43 "渲染"滤镜

打开项目 7 素材中的"花 4"图片,如图 7-44 所示。

各个滤镜的效果如图 7-45 至图 7-49 所示。

图 7-44 "花 4"图片	图 7-45 分层云彩	图 7-46 光照效果
图 7-47 镜头光晕	图 7-48 纤维	图 7-49 云彩

1.分层云彩

"分层云彩"滤镜使用随机生成的介于前景色与背景色之间的值生成云彩图案。

初次使用该滤镜时,图像的某些部分被反向为云彩图案。应用此滤镜多次,可以创建出肌理效果的图案。

2.光照效果

"光照效果"滤镜较复杂,可对图像应用不同的光源、光类型和光特征,也可以改变基调,增加图像深度和聚光区。"光照效果"对话框中各选项的含义如下。

"样式"选项用于选择光源,"光照效果"滤镜至少需要一个光源。

"光照类型"选项用于选择灯光类型。该选项共有三种选择:点光为椭圆形光,用户可在预览窗口中添加点光,通过移动边框来改变焦点,扩大或减小照明区域;平行光为散光,类似于日常灯的效果;全光源为投射一个直线方向的光线,只能改变光线方向和光源高度。

"强度"选项用于控制照明的强度。

"聚焦"选项只有使用点光时才可使用,通过扩大椭圆内的光线范围来产生细微光的效果。

在"属性"选项栏中,"光泽"选项用于决定图像的反光效果,"材料"选项用于控制光线或光源所照射的物体是否产生更多的折射,"曝光度"选项用于控制光线的明暗,"环境"选项可以产生光源与图像的室内混合效果。

"纹理通道"选项可以将一个灰色图当作纹理图来使用,在纹理通道复选框中可选择一个通道。

3. 镜头光晕

"镜头光晕"滤镜可产生摄像机镜头眩光效果,可自动调节眩光的位置。

在"镜头光晕"对话框中,"亮度"选项用于调节图像中十字线位置的亮度,"镜头类型"选项中包括四种镜头类型。

4. 纤维

"纤维"滤镜利用前景色和背景色产生纤维的效果。该滤镜用途不广泛,在此不做具体介绍。

5. 云彩

"云彩"滤镜可以在前景色和背景色之间随机抽取像素值,并将其转化为柔和的云彩。

7.1.7 "艺术效果"滤镜

选择"滤镜＞滤镜库＞艺术效果"命令,弹出子菜单,共包括 15 个滤镜,如图 7-50 所示。

打开项目 7 素材中的"建筑 2"图片,如图 7-51 所示。

图 7-50 "艺术效果"滤镜　　　　　　图 7-51 "建筑 2"图片

各个滤镜的效果如图 7-52 至图 7-66 所示。

图 7-52 壁画　　　　图 7-53 彩色铅笔　　　　图 7-54 粗糙蜡笔　　　　图 7-55 底纹效果

图 7-56 干画笔

图 7-57 海报边缘

图 7-58 海绵

图 7-59 绘画涂抹

图 7-60 胶片颗粒

图 7-61 木刻

图 7-62 霓虹灯光

图 7-63 水彩

图 7-64 塑料包装

图 7-65 调色刀

图 7-66 涂抹棒

1. 壁画

"壁画"滤镜能够强烈地改变图像的对比度,使暗调区域的图像轮廓更清晰,最终形成一种类似于壁画的效果。其参数设置界面中各选项的含义如下。

"画笔大小"选项用于设置模拟笔刷的尺寸,所取数值越大,笔刷越粗。

"画笔细节"选项用于设置笔刷的细腻程度,所取数值越大,从原图中捕获的色彩层次越多。

"纹理"选项用于调节颜色之间的过渡平滑度,所取数值越小,产生的效果越光滑。

2. 彩色铅笔

"彩色铅笔"滤镜模拟彩色铅笔在纯色背景上绘制图像,主要的边缘被保留并带有粗糙的阴影线外观,纯背景色通过较光滑区域显示出来。其参数设置界面中各选项的含义如下。

"铅笔宽度"选项用于调整铅笔的宽度。

"描边压力"选项用于控制图像颜色的明暗度,该值越大,图像的亮度变化越小。

"纸张亮度"选项用于调整纸张的亮度。

3. 粗糙蜡笔

"粗糙蜡笔"滤镜可以模拟蜡笔在纹理背景上绘图,产生一种覆盖的效果。其参数设置界面中各选项的含义如下。

"描边长度"选项用于设置笔触的长度,该值越小,勾画线条断续现象越明显。

"描边细节"选项用于调整笔触的细腻程度,该值越大,笔画越细,勾绘效果越淡。

"纹理"选项用于选择所需的纹理类型。

"缩放"选项用于设置覆盖纹理的缩放比例。

"凸现"选项用于调整覆盖纹理的深度。

4. 底纹效果

"底纹效果"滤镜又称为"背面作画"滤镜,能够产生具有纹理的图像。其参数设置界面中各选项的含义如下。

"画笔大小"选项用于设置笔触的大小,该值越大,画笔笔触越大。

"纹理覆盖"选项用于设置画笔的细腻程度,该值越大,图像越模糊。

"纹理"选项用于选择纹理类型。

"缩放"选项用于设置覆盖纹理的缩放比例,该值越大,底纹效果越明显。

"凸现"选项用于调整覆盖纹理的深度,该值越大,纹理的深度越明显。

5. 干画笔

"干画笔"滤镜能模仿颜料快用完的毛笔进行作画,笔迹的边缘断断续续、若有若无,产生一种干枯的油画效果。其参数设置界面中各选项的含义如下。

"画笔大小"选项用于调整画笔的大小。

"画笔细节"选项用于调整画笔的细微细节。

"纹理"选项用于调整图像的纹理,该值越大,纹理效果越好。

6. 海报边缘

"海报边缘"滤镜的作用是增加图像对比度,并沿边缘的细微层次加上黑色,能够产生具有招贴画边缘效果的图像,也可以产生与木刻画近似的效果。其参数设置界面中各选项的含义如下。

"边缘厚度"选项用于调整当前海报边缘的厚度。

"边缘强度"选项用于调整当前海报边缘的高光强度。

"海报化"选项用于给海报边缘添加一些柔和效果,该值越大,海报边缘越柔和。

7. 海绵

"海绵"滤镜模拟在纸张上用海绵轻轻扑颜料的画法,产生图像浸湿后被颜料晕开的效果。其参数设置界面中各选项的含义如下。

"画笔大小"选项用于调整画笔的大小。

"清晰度"选项用于调整当前海绵的质感,该值越大,效果越清晰。

"平滑度"选项用于调整当前海绵的平滑程度。

8. 绘画涂抹

"绘画涂抹"滤镜可以使图像产生类似于用手在湿画上涂抹的模糊效果。其参数设置界面中各选项的含义如下。

"画笔大小"选项用于控制笔刷的范围。

"锐化程度"选项用于调整当前图像锐化的程度。

"画笔类型"选项用于选择笔刷的类型。

9. 胶片颗粒

"胶片颗粒"滤镜能够在给原图加上杂色的同时,调亮并强化图像的局部像素,产生一种类似胶片颗粒的纹理效果。其参数设置界面中各选项的含义如下。

"颗粒"选项用于调整图像的颗粒,该值越大,颗粒效果越清晰。

"高光区域"选项用于调整当前图像的高光区域。

"强度"选项用于调整当前图像的颗粒强度。

10. 木刻

"木刻"滤镜使图像好像由粗糙剪切的彩纸组成,彩色图像看起来像由几层彩纸构成。其参数设置界面中各选项的含义如下。

"色阶数"选项用于设置图像中色彩的丰富程度。

"边缘简化度"选项用于设置图像中边缘的细节丰富程度。

"边缘逼真度"选项用于设置产生痕迹的精确度。

11. 霓虹灯光

"霓虹灯光"滤镜产生负片图像或与此类似的颜色奇特的图像,看起来有一种光照射的效果。其参数设置界面中各选项的含义如下。

"发光大小"选项用于调整图像光亮的大小。

"发光亮度"选项用于调整图像发光的亮度。

"发光颜色"选项用于调整图像发光的颜色。

12. 水彩

"水彩"滤镜可以描绘出图像中物体的形状,同时简化颜色,产生水彩画的效果。其参数设置界面中各选项的含义如下。

"画笔细节"选项用于调整当前图像的画笔细节。

"阴影强度"选项用于调整当前图像画笔的暗度和亮度。

"纹理"选项用于调节当前水彩画效果的程度。

13. 塑料包装

"塑料包装"滤镜可以产生塑料薄膜封包的效果,使图像具有鲜明的立体质感,其参数设置界面中各选项的含义如下。

"高光强度"选项用于调整图像亮度的强烈程度。

"细节"选项用于调整图像的细微处。

"平滑度"选项用于把当前图像做的塑料包装效果变平滑。

14. 调色刀

"调色刀"滤镜可使图像中相邻的颜色相互融合,减少了细节,以产生写意效果。其参数设置界面中各选项的含义如下。

"描边大小"选项用于设置描边的大小。

"描边细节"选项用于设置线条整体的细节处理。

"软化度"选项用于将当前图像设置柔和、模糊。

15. 涂抹棒

"涂抹棒"滤镜可以产生使用粗糙物体在图像上进行涂抹的效果,从美术工作者角度来看,能够模拟在纸上涂抹粉笔画或蜡笔画的效果。其参数设置界面中各选项的含义如下。

"描边长度"选项用于设置描绘的长度。

"高光区域"选项用于设置绘制高光的区域。

"强度"选项用于调整当前图像纹理的强度。

7.1.8 "扭曲"滤镜 ▼

选择"滤镜>扭曲"命令(有 9 个滤镜)或者"滤镜>滤镜库>扭曲"命令(有 3 个滤镜),弹出子菜单,共包括 12 个滤镜,如图 7-67 所示。

打开项目 7 素材中的"花 5"图片,如图 7-68 所示。

图 7-67 "扭曲"滤镜　　　　图 7-68 "花 5"图片

各个滤镜的效果如图 7-69 至图 7-80 所示。

图 7-69　波浪　　　　图 7-70　波纹　　　　图 7-71　玻璃　　　　图 7-72　海洋波纹

图 7-73　极坐标　　　　图 7-74　挤压　　　　图 7-75　扩散亮光　　　　图 7-76　切变

图 7-77　球面化　　　　图 7-78　水波　　　　图 7-79　旋转扭曲　　　　图 7-80　置换

1. 波浪

"波浪"滤镜通过选择不同的波长(从一个波峰到下一个波峰的距离),以产生不同的波动效果。"波浪"对话框中各选项的含义如下。

"生成器数"选项用于设置产生波的数量,所取数值越大,产生的图像越模糊。

"波长"选项用于设置波峰的间距,最小值移动的范围取决于最大值,该选项设置数值范围为 1 至最大值,相反,最大值的取值范围是最小值所设置数值至 999。

"比例"选项用于设置水平、垂直方向的变形程度。

"未定义区域"选项用于设置未定义区域的类型。

2. 波纹

"波纹"滤镜可以产生水纹涟漪的效果,还能模拟大理石纹理的效果。"波纹"对话框中"数量"选项的含义如下。

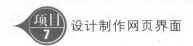

"数量"选项用来设置产生涟漪的数量。如果所设置数值过大或过小,图像就会产生强烈的变化。

3. 玻璃

"玻璃"滤镜可以使图像产生一种透过不同类型的玻璃看图像的效果。其参数设置界面中各选项的含义如下。

"扭曲度"选项用于设置变形的程度。当参数设置为 0 时,图像不会发生任何变化;当参数设置为 20时,则类似透过较厚的玻璃来观看图像。

"平滑度"选项用于设置玻璃的平滑程度。当参数设置为 1 时,将产生很多像素点,图像极其不清晰;随着参数的增大,像素点逐渐减少,图像会逐渐清晰。

"纹理"选项用于选择表面纹理,即变形类型,该选项有多个类型可供选择。

4. 海洋波纹

"海洋波纹"滤镜可以产生一种图像浸在水里的效果(其波纹是随机分割的)。其参数设置界面中各选项的含义如下。

"波纹大小"选项用来设置波纹的大小,当该数值较大时,产生大的波纹。

"波纹幅度"选项用于设置波纹的数量。当该数值为 0 时,无论"波纹大小"怎么设置,都不会产生任何效果。

5. 极坐标

"极坐标"滤镜可呈现图像坐标从平面坐标转换为极坐标,或将图像坐标从极坐标转换为平面坐标的效果,它能将直的物体拉弯,也能将圆的物体拉直。

6. 挤压

"挤压"滤镜可以将一个图像的全部或部分选区向内或向外挤压。

在"挤压"对话框中,"数量"选项用来设置挤压是向内挤压还是向外挤压及其程度。若为负值,图像向外挤压;若为正值,图像向内挤压。

7. 扩散亮光

"扩散亮光"滤镜用于产生弥漫的光热效果,该滤镜可将图像渲染成像是通过一个柔和的扩散滤色片来观看的效果。它将透明的白色杂点添加到图像中,并从选区的中心向外渐隐亮光。使用此滤镜会使图像中较亮的区域产生一种光照效果。

8. 切变

"切变"滤镜可以在垂直方向对图像进行弯曲处理。"切变"对话框中各选项的含义如下。

"折回"选项为缠绕模式,"重复边缘像素"选项为平铺模式,即图像中弯曲出去的图像不会在相反方向的位置显示。

调整"切变"滤镜时只需要在"切变"对话框中的竖线上单击左键,这时会自动增加一个调整点,然后左右拖动此点即可。设置完成后,单击"确定"按钮。

9. 球面化

"球面化"滤镜用于模拟将图像包在一个球形上来扭曲变形或伸展,以适合所选曲线,对图像制作三维效果。"球面化"对话框中各选项的含义如下。

"数量"选项用于设置球面化的缩放数值。当设置参数为 -100 时,图像向内缩小;当设置参数为 +100时,图像向外放大。

"模式"选项用于设置球面化方向的模式,包括"正常""水平优先""垂直优先"3 种模式。

10. 水波

"水波"滤镜可以产生池塘波纹和旋转的效果。

在"水波"对话框中,"数量"选项用来设置波纹的数量。当所设置的参数为正值时,图像中的波纹向外凸出;当所设置的参数为负值时,图像中的波纹向内凹进。

11. 旋转扭曲

"旋转扭曲"滤镜可以产生一种旋转的风轮效果。使用该滤镜后,图像将以物体中心旋转,中心的旋转程度比边缘的旋转程度大。

在"旋转扭曲"对话框中,"角度"选项用来调整图像旋转的角度。当所设置参数为 0 时,图像不变;当所设置参数大于 0 时,图像顺时针旋转;当所设置参数小于 0 时,图像逆时针旋转。

12. 置换

"置换"并不是在"置换"对话框中设置后就可以进行的,而是要先打开文件作为移位图,然后根据移位图上的色值进行像素移置,移位图的色度控制了移位的方向,低色度值使被筛选图向下、向右移动,高色度值使剩余图向上、向左移动。

在"置换"对话框中,"水平比例"和"垂直比例"选项分别用于设置水平方向和垂直方向的缩放;"置换图"选项用于设置移位图的属性方向;"未定义区域"选项中的"折回"选项用于将图像向四周延伸,"重复边缘像素"选项用于重复边缘像素。

设置完成后,单击"确定"按钮,在弹出的"选取一个置换图"对话框中选择 PSD 文件格式的图像作为移位图。

7.1.9 "像素化"滤镜 ▼

选择"滤镜＞像素化"命令,弹出子菜单,共包括 7 个滤镜,如图 7-81 所示。

打开项目 7 素材中的"花 6"图片,如图 7-82 所示。

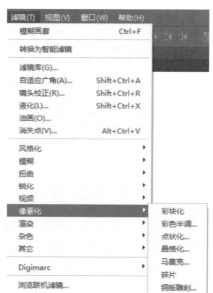

图 7-81 "像素化"滤镜　　　　　　　图 7-82 "花 6"图片

各个滤镜的效果如图 7-83 至图 7-89 所示。

图 7-83 彩块化　　　图 7-84 彩色半调　　　图 7-85 点状化　　　图 7-86 晶格化

图 7-87　马赛克　　　　　　　图 7-88　碎片　　　　　　　图 7-89　铜版雕刻

1. 彩块化

"彩块化"滤镜可以使纯色或相近颜色的像素连接,形成相近颜色的像素块。使用此滤镜可以使扫描的图像看起来像手绘的一样。

2. 彩色半调

"彩色半调"滤镜可以产生彩色半色调印刷(加网印刷)图像的放大效果。该滤镜将图像划分为多个矩形,并用圆形替换每个矩形。圆形的大小与矩形的亮度成比例。

3. 点状化

"点状化"滤镜可以将图像分为随机的点,产生如同点状化绘画一样的效果,并使用背景色作为点与点之间的画布区域颜色。

4. 晶格化

"晶格化"滤镜可以使相近的像素集结成多边形纯色。

5. 马赛克

"马赛克"滤镜通过将一个单元内具有相似色彩的所有像素变为同一颜色来模拟马赛克的效果。"马赛克"对话框同"点状化"对话框相似,可自行设置单元格大小,设置完成后单击"确定"按钮,将选区取消,即可完成马赛克效果。

6. 碎片

"碎片"滤镜将图像中的像素复制 4 次以后,将它们平均和移位,形成一种不聚焦的效果。

7. 铜版雕刻

"铜版雕刻"滤镜可以用点、线条和笔画重新生成图像,产生雕刻的版画效果。

7.1.10 "杂色"滤镜 ▼

选择"滤镜＞杂色"命令,弹出子菜单,共包括 5 个滤镜,如图 7-90 所示。

打开项目 7 素材中的"花 7"图片,如图 7-91 所示。

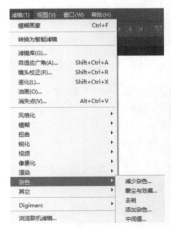 

图 7-90　"杂色"滤镜　　　　　　　图 7-91　"花 7"图片

各个滤镜的效果如图 7-92 至图 7-96 所示。

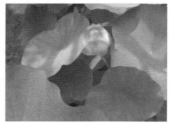
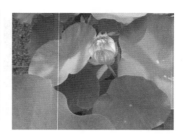

图 7-92　减少杂色　　　　　图 7-93　蒙尘与划痕　　　　　图 7-94　去斑

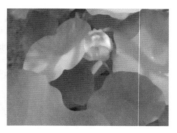

图 7-95　添加杂色　　　　　图 7-96　中间值

1. 减少杂色

"减少杂色"滤镜可自动减少图像中的杂色,但是它的运行速度相对较慢。计算机的处理能力越强,使用该滤镜时处理速度就越快。"减少杂色"对话框中各选项的含义如下。

"强度"选项用于设置去除杂色的程度。

在"保留细节"选项中,所设参数越小,图像越模糊;反之,图像越清晰。

"锐化细节"选项用于调节图像细节的清晰程度。

2. 蒙尘与划痕

"蒙尘与划痕"滤镜可以搜索图像中的缺陷并将其融入周围的像素中。在使用该滤镜之前,应首先选择要清除缺陷的区域。"蒙尘与划痕"对话框中各选项的含义如下。

"半径"选项用于设置清除缺陷的范围,该滤镜在多大的范围内搜索图像中的缺陷取决于所设的半径数值。

"阈值"选项用于设置要分析的像素,所取数值越大,分析的像素就越少,图像就越清晰。

3. 去斑

"去斑"滤镜可以寻找图像中色彩变化最大的区域,然后模糊去除那些过渡边缘外的所有选区。可以使用该滤镜减少干扰或模糊过于清晰的区域。

4. 添加杂色

"添加杂色"滤镜可以在处理的图像中添加一些细小的颗粒状像素,也可用于减少羽化选区或渐变填充中的条纹。"添加杂色"对话框中各选项的含义如下。

"数量"选项用于设置图像中颗粒状像素的数量,所取数值越大,效果越明显。

"分布"选项中的"平均分布"选项表示使用随机数值分布杂色的颜色值,以获得细微的效果;"高斯分布"选项表示沿一条钟形曲线分布杂色的颜色值,以获得斑点状的效果。

"单色"选项用于设置图像中的色调元素,但不改变颜色。

5. 中间值

"中间值"滤镜通过混合图像选区中的像素亮度来减少图像中的杂色。此滤镜搜索半径范围内的像素选区,查找亮度相似的像素,去除与相邻像素差异较大的像素。该滤镜在消除或减少图像的动感效果时非常有用。

在"中间值"对话框中,"半径"选项用于设置该滤镜中每个像素进行亮度分析的距离范围,该数值越大,图像越模糊。

7.1.11 "画笔描边"滤镜 ▼

选择"滤镜>滤镜库>画笔描边"命令,弹出子菜单,共包括 8 个滤镜,如图 7-97 所示。

打开项目 7 素材中的"叶子"图片,如图 7-98 所示。

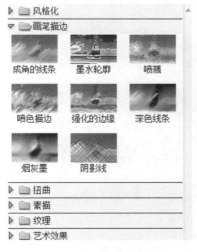

图 7-97 "画笔描边"滤镜　　　　　图 7-98 "叶子"图片

各个滤镜的效果如图 7-99 至图 7-106 所示。

图 7-99 成角的线条　　　图 7-100 墨水轮廓　　　图 7-101 喷溅　　　图 7-102 喷色描边

图 7-103 强化的边缘　　　图 7-104 深色线条　　　图 7-105 烟灰墨　　　图 7-106 阴影线

1. 成角的线条

"成角的线条"滤镜用来产生倾斜笔锋的效果。其参数设置界面中各选项的含义如下。

"方向平衡"选项用于设置笔触的倾斜方向,该值越大,成角的线条越长。

"描边长度"选项用于控制勾绘笔画的长度,该值越大,笔触线条越长。

"锐化程度"选项用于控制笔锋的尖锐程度,该值越小,图像越平滑。

2. 墨水轮廓

"墨水轮廓"滤镜可以在图像的颜色边界部分模拟油墨绘制图像轮廓,从而产生钢笔油墨效果。其参数设置界面中各选项的含义如下。

"深色强度"选项用于调节黑色轮廓的强度。

"光照强度"选项用于调节图像中较亮区域的强度。

3. 喷溅

"喷溅"滤镜可以使图像产生颗粒飞溅的沸水效果,类似于用喷枪喷出许多小彩点。其参数设置界面中各选项的含义如下。

"喷色半径"选项用于控制喷溅的范围,该值越大,喷溅的范围越大。

"平滑度"选项用于调整喷溅效果的轻重或光滑度,该值越大,喷溅浪花越光滑,但喷溅浪花也会越模糊。

4. 喷色描边

"喷色描边"滤镜与"喷溅"滤镜的效果相似,但"喷色描边"滤镜能产生斜纹飞溅的效果。其参数设置界面中各选项的含义如下。

"描边长度"选项用于设置喷色描边笔触的长度。

"喷色半径"选项用于设置图像飞溅的半径。

"描边方向"选项用于设置喷色方向。

5. 强化的边缘

"强化的边缘"滤镜可以对图像的边缘进行强化处理。其参数设置界面中各选项的含义如下。

"边缘宽度"选项用于控制边缘的宽度,该值越大,边缘越宽。

"边缘亮度"选项用于调整边缘的亮度,该值越大,边缘越亮。

"平滑度"选项用于调整边缘的平滑度。

6. 深色线条

"深色线条"滤镜用短而密的线条来绘制图像中的深色区域,用长而白的线条来绘制图像中颜色较浅的区域,从而产生一种很强的黑色阴影效果。其参数设置界面中各选项的含义如下。

"平衡"选项用于调整笔触的方向。

"黑色强度"选项用于控制黑色阴影的强度,该值越大,变暗的深色区域越多。

"白色强度"选项用于控制白色区域的强度,该值越大,变亮的浅色区域越多。

7. 烟灰墨

"烟灰墨"滤镜可以产生类似于用黑色墨水在纸上进行绘制的柔滑模糊边缘效果。其参数设置界面中各选项的含义如下。

"对比度"选项用于控制图像烟灰墨效果的程度,该值越大,产生的效果越明显。

8. 阴影线

"阴影线"滤镜用来生成交叉网状的笔锋效果。其参数设置界面跟"成角的线条"滤镜的相似。

7.1.12 切片工具的使用 ▼

1. 选择切片、移动切片及调整切片大小

1) 选择切片

在工具箱中选择切片工具 ✎ ,用鼠标单击目标切片即可(被选中的切片会出现橘黄色定界框),如

图7-107所示。

2）移动切片

按住鼠标左键并拖拽，可移动选中的切片，如图 7-108 所示。

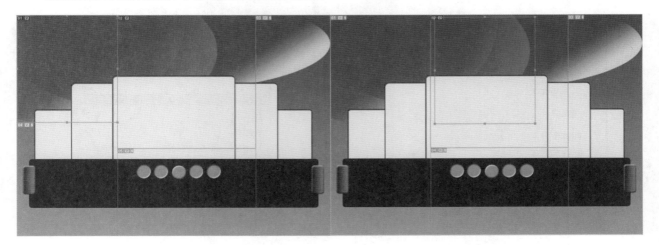

图 7-107　选择切片　　　　　　　　　　　图 7-108　移动切片

3）调整切片大小

将鼠标移动到定界框的四周，当光标为上下两个箭头时，可调整切片的高度；当光标为左右两个箭头时，可调整切片的宽度。也可将鼠标放在定界框四周的橘黄色方块处，单击鼠标并进行拖拽，即可调整切片的宽度和高度。

2．删除切片

1）删除个别切片

选择切片选择工具 ，选取切片，按键盘上的 Delete 或 Back Space 键即可将其删除。

2）删除所有切片

选择"视图＞清除切片"命令，可删除所有切片。

3．存储切片

选择"文件＞存储为 Web 所用格式"命令，在"存储为 Web 所用格式"对话框中单击"存储"按钮，在弹出的"将优化结果存储为"对话框中设置要保存的路径和相应的文件名，单击"保存"按钮即可。

▶▶▶ 任务2　项目实施

7.2.1　创建网页背景　▼

（1）新建文件，名称为"时尚背景网页"。文件大小为 1100 像素×800 像素，分辨率为 200 像素/英寸，颜色模式为灰度，其他参数设置如图 7-109 所示。

（2）在工具箱中选择渐变工具，在"渐变编辑器"对话框中设置渐变类型为黑色到灰色的渐变，如图 7-110 所示。设置完成后，单击"确定"按钮，在渐变工具属性栏中设置渐变类型为线性渐变。用鼠标在选区合适位置拖拽，填充渐变。按快捷键 Ctrl＋D 取消选区，填充渐变完成后效果如图 7-111 所示。

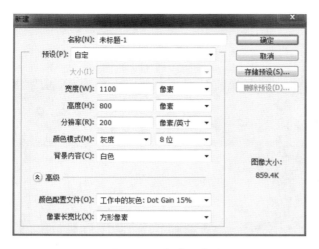

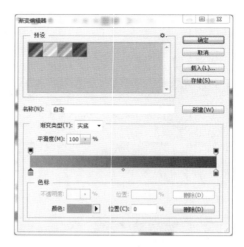

图 7-109　新建文件　　　　　　　　图 7-110　在"渐变编辑器"对话框中设置渐
　　　　　　　　　　　　　　　　　　　　　　　　　变类型 1

（3）在图层面板中新建一个图层，设置图层的不透明度为 70％，选择工具箱中的椭圆选框工具 ，绘制椭圆形选区，如图 7-112 所示。选择工具箱中的渐变工具 ，在"渐变编辑器"对话框中设置渐变类型为白色到黑色的渐变，如图 7-113 所示。设置完成后，单击"确定"按钮，在渐变工具属性栏中设置渐变类型为线性渐变 。用鼠标在选区合适位置拖拽，填充渐变。按快捷键 Ctrl＋D 取消选区，填充渐变完成后效果如图 7-114 所示。

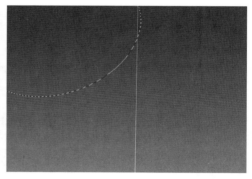

图 7-111　填充渐变完成后效果 1　　　　　图 7-112　绘制椭圆形选区

图 7-113　在"渐变编辑器"对话框中设置渐变类型 2　　　图 7-114　填充渐变完成后效果 2

（4）在图层面板中新建一个图层，设置图层的不透明度为 70％，选择工具箱中的椭圆选框工具 ，绘制椭圆形选区。选择工具箱中的渐变工具 ，在"渐变编辑器"对话框中设置渐变类型为白色到黑色的渐变，设置完成后，单击"确定"按钮。填充渐变完成后效果如图 7-115 所示。

（5）在图层面板中新建一个图层，设置图层的不透明度为 70％，选择工具箱中的椭圆选框工具 ，绘制椭圆形选区。选择工具箱中的渐变工具 ，在"渐变编辑器"对话框中设置渐变类型为白色到黑色的渐变，设置完成后，单击"确定"按钮。填充渐变完成后效果如图 7-116 所示。

图 7-115 填充渐变完成后效果 3

图 7-116 填充渐变完成后效果 4

7.2.2 使用滤镜制作图片效果

（1）在路径面板中单击"将路径作为选区载入"按钮 ，将路径转换为选区，如图 7-117 所示。将颜色设置为灰色（R：220，G：220，B：220），按住快捷键 Alt＋Delete，填充颜色，如图 7-118 所示。

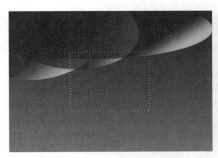
图 7-117 将路径转换为选区 1

图 7-118 填充颜色 1

（2）单击"添加图层样式"按钮 ，为该图层添加投影、内阴影、描边，投影参数、内阴影参数及描边参数分别如图 7-119、图 7-120、图 7-121 所示，最终效果如图 7-122 所示。

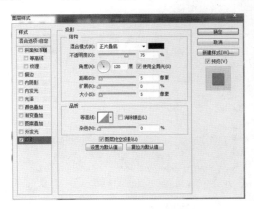
图 7-119 设置投影参数

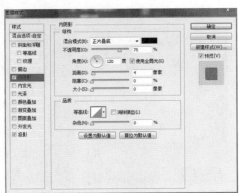
图 7-120 设置内阴影参数

图 7-121　设置描边参数

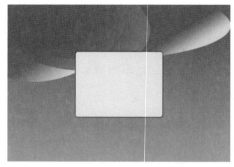

图 7-122　设置后的效果 1

（3）在图层面板中选择图层，复制多个图层，效果如图 7-123 所示。

（4）选择后面的图层，按快捷键 Ctrl＋T 调出自由变换控制柄，按 Shift 键将图像一个边角向外拖动，将素材等比例缩小，按回车键确认操作，效果如图 7-124 所示。

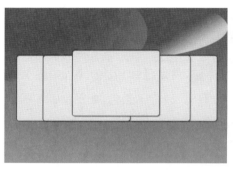

图 7-123　复制图层 1

图 7-124　等比例缩小素材

（5）在图层面板中新建一个图层，选择工具箱中的圆角矩形工具 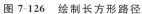，设置半径为 10 像素，如图 7-125 所示。绘制一个长方形路径，如图 7-126 所示。

图 7-125　设置半径为 10 像素 1

（6）在路径面板中单击"将路径作为选区载入"按钮 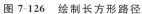，将路径转换为选区。将颜色设置为黑色（R：0，G：0，B：0），按住快捷键 Alt＋Delete，填充颜色，如图 7-127 所示。

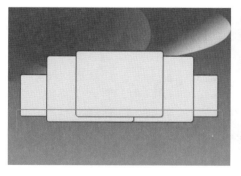

图 7-126　绘制长方形路径

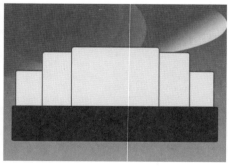

图 7-127　填充颜色 2

（7）在图层面板中新建一个图层，选择工具箱中的椭圆选框工具 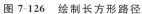，按住 Shift 键绘制正圆选区，

如图 7-128 所示。

（8）将前景色设置为灰色（R:130,G:130,B:130），按快捷键 Alt＋Delete，填充颜色，按快捷键 Ctrl＋D 取消选区，效果如图 7-129 所示。

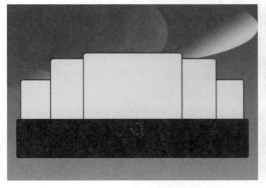
图 7-128　绘制正圆选区

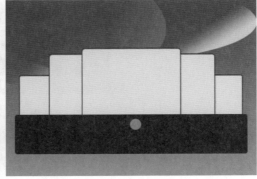
图 7-129　填充颜色 3

（9）单击"添加图层样式"按钮 fx.，为该图层添加斜面和浮雕样式。斜面和浮雕参数设置如图 7-130 所示，最终效果如图 7-131 所示。

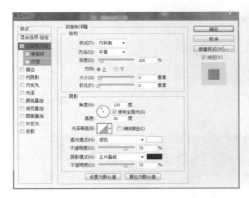
图 7-130　设置斜面和浮雕参数 1

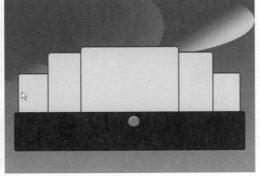
图 7-131　设置后的效果 2

（10）在图层面板中新建一个图层，选择工具箱中的椭圆选框工具 ，按住 Shift 键绘制正圆选区，将前景色设置为灰色。单击"添加图层样式"按钮 fx.，为该图层添加斜面和浮雕样式。斜面和浮雕参数设置如图 7-132所示，最终效果如图 7-133 所示。

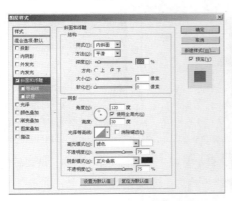
图 7-132　设置斜面和浮雕参数 2

图 7-133　设置后的效果 3

（11）在图层面板中选择图层，复制多个图层，效果如图 7-134 所示。

图 7-134　复制图层 2

（12）在图层面板中新建一个图层，选择工具箱中的圆角矩形工具 ，设置半径为 10 像素，如图 7-135 所示，绘制一个长方形路径。在路径面板中单击"将路径作为选区载入"按钮 ，将路径转换为选区，如图 7-136 所示。将颜色设置为灰色（R：130，G：130，B：130），按住快捷键 Alt＋Delete，填充颜色，如图 7-137 所示。

图 7-135　设置半径为 10 像素 2

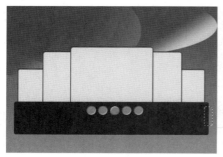

图 7-136　将路径转换为选区 2

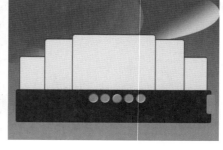

图 7-137　填充颜色 4

（13）单击"添加图层样式"按钮 ，为该图层添加斜面和浮雕、渐变叠加样式。斜面和浮雕参数设置、渐变叠加参数设置分别如图 7-138、图 7-139 所示，最终效果如图 7-140 所示。

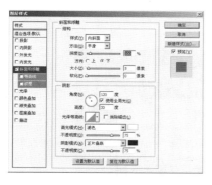

图 7-138　设置斜面和浮雕参数 3

图 7-139　设置渐变叠加参数

图 7-140　设置后的效果 4

（14）选择"背景"图层，执行"滤镜＞模糊＞高斯模糊"命令，设置高斯模糊参数，如图 7-141 所示，效果如图 7-142 所示。在图层面板中选择图层，复制多个图层，最终效果如图 7-143 所示。

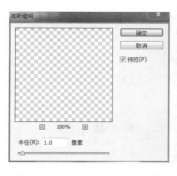

图 7-141　设置高斯模糊参数

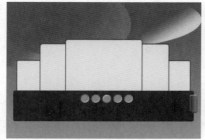

图 7-142　设置高斯模糊后效果

图 7-143　最终效果

7.2.3　制作主题文字 ▼

（1）在工具箱中选择横排文字工具 T，设置字体为 System，字的大小为 9，输入"INFOTAINMENT"，设置字体颜色为黑色（R:0,G:0,B:0），效果如图 7-144 所示。

（2）重复上面的步骤，分别输入"SERVER""ABOUT""MATCHES""TEAM"，如图 7-145 所示。

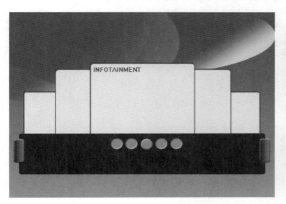

图 7-144　输入"INFOTAINMENT"

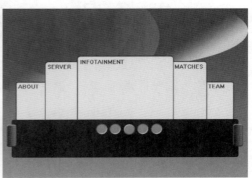

图 7-145　分别输入"SERVER""ABOUT"
"MATCHES""TEAM"

7.2.4　切片处理 ▼

（1）将图像添加到 Dreamweaver 软件中，选择工具箱中的切片工具 ，给图像设置切片，效果如图 7-146 所示。

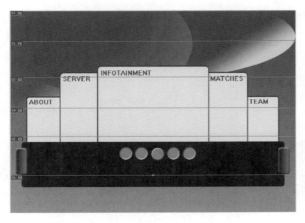

图 7-146　设置切片

（2）切片设置完成后，选择"文件＞存储为 Web 所用格式"命令，如图 7-147 所示，弹出图 7-148 所示的对话框，命名文件并单击"存储"按钮，将文件存放在电脑中。

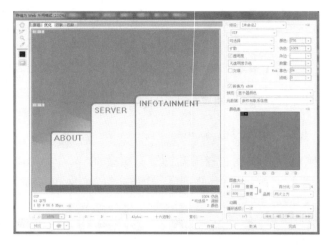

图 7-147　选择"存储为 Web 所用格式"　　　　　　图 7-148　保存文件

（3）打开 Dreamweaver 软件，选择"插入＞表格"命令，弹出"表格"对话框，如图 7-149 所示，设置行数，使其与切片的行数保持相同，单击"确定"按钮，将表格插入软件中，如图 7-150 所示。

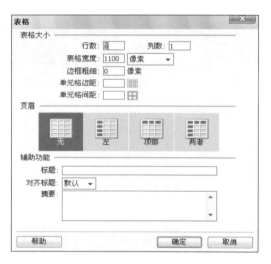

图 7-149　"表格"对话框

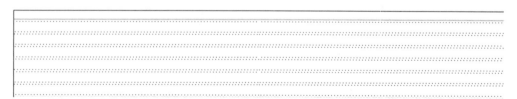

图 7-150　将表格插入软件中

（4）选择"插入＞图像"命令，弹出"选择图像源文件"对话框，如图 7-151 所示，在电脑中调出刚保存的文件，将图像依次插入表格中即可。

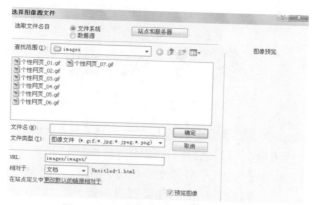

图 7-151 "选择图像源文件"对话框

项目小结

本项目主要运用了 Photoshop CS6 软件中的"滤镜"等工具去设计唯美背景网页。在设计此类网页时我们应该注意以下几点：

（1）Photoshop CS6 软件中的渐变工具可以让画面之间的色彩过渡更加自然，应该根据实际需要选择简便的方式，也可以尝试运用多种渐变方式来表现画面色彩的丰富性。

（2）在网页设计中版面可留部分空白，这是为版面注入生机的一种有效手段。恰当、合理地留出空白，能传达出设计者高雅的审美趣味，打破死板呆滞的常规惯例，使版面通透、开朗、跳跃、清新，在视觉上给读者以轻快、愉悦的刺激。当然，大片空白不可乱用，一旦空白，必须有呼应，有过渡，以免为形式而形式，造成版面空泛。

（3）要注意分配网页中的资源，也就是说，在网页版面有限的空间内发挥最大的阅读作用。

练习题

1.什么滤镜可以在图片中产生照明的效果？

2.什么滤镜可以将图像分块或将图像平面化？

3.什么滤镜可以将一个具有复杂边缘的图像从它的背景中分离出来？

4.请用 Photoshop CS6 设计图 7-152 所示的唯美背景网页效果图。

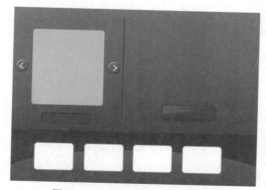

图 7-152 唯美背景网页效果图

参 考 文 献

［1］ 新视角文化行.Photoshop CS5 图像处理实战从入门到精通［M］.北京:人民邮电出版社,2010.

［2］ 姚孝红.Photoshop CS 标准教程［M］.北京:中国电力出版社,2004.

［3］ 姚海军.Photoshop CS2 图形图像处理［M］.北京:国防科技大学出版社,2008.

［4］ 杨聪,叶华.Photoshop CS5 平面设计标准教程案例应用篇［M］.北京:科学出版社,2011.

［5］ 数字艺术教育研究室,金日龙.Photoshop CS5 基础培训教程［M］.北京:人民邮电出版社,2010.

［6］ eye4u 视觉设计工作室.PHOTOSHOP CS5 技术精粹与平面广告设计［M］.北京:中国青年出版社,2011.

［7］ 智丰工作室,邓文达,邓朝晖.Photoshop CS5 平面广告设计宝典［M］.北京:清华大学出版社,2011.